Stephen Hawking sobre o fim do mundo

Discutindo o caminho central contra a destruição

Cacildo Marques

Copyright © 2018 Cacildo Marques - All rights reserved

Publicado originalmente em inglês como:
Stephen Hawking about the end of the world

ISBN: **978-1729740033**

Desenho de Capa: Cacildo Marques

Marques, Cacildo
Stephen Hawking sobre o fim do mundo/ Cacildo Marques. Maryland, 2018.

141p.
ISBN: **978-1729740033**

1. Ambiente. 2. Ciências Naturais. I. Título

DDC 363.05

Stephen Hawking sobre o fim do mundo

Cacildo Marques

ÍNDICE

	Prefácio	viii
1	O alerta	1
2	Ecologia e aquecimento	8
3	Educação e atitude	30
4	Riscos	36
5	Krypton e a imaginação	43
6	Premonições	49
7	Dificuldades na aplicação da ciência	74
8	Fenômenos físicos importantes	78
9	Superpopulação malthusiana	102

Prefácio

Ninguém tem dúvida de que hoje a humanidade tem todas as possibilidades para se destruir, e, mais que isso, destruir toda a vida na Terra.

Além dos riscos de catástrofes naturais, acrescenta-se nos últimos tempos o risco da autodestruição.

Nova guerra mundial, superpopulação descontrolada, descaso com o meio ambiente, aquecimento global e desemprego em massa são algumas formas de provocar o fim, por arrogância ou por negligência.

Stephen Hawking esteve correto ao alertar para o perigo e recomendar busca de novos planetas para recomeçar.

Muitos mecanismos de prevenção estão à mão, mas parece não haver boa vontade para usá-los. Desemprego, por exemplo, é atitude política. O poder público permitir que ele se alastre é quase o mesmo que deixar que uma epidemia, com vacina à disposição, elimine as populações vulneráveis.

Evitar que ultrapassem o limite suportável a superpopulação e o aquecimento global está ao alcance dos governos, mas a consciência da necessidade parece ainda não se ter configurado.

As pessoas religiosas, principalmente no Islã, podem achar que não há problema nenhum em superlotar a Terra de gente, porque o Criador ordenou: "Crescei e multiplicai". Ora, isto é só uma parte da determinação. O complemento dela é: "E enchei a Terra". Já cumprimos o pedido divino, faltando agora apenas habitar os desertos e a Antártida, lugares ainda inóspitos.

Subjaz a todo o texto o embate entre a seleção natural e a seleção artificial. Os seres vivos sempre se adaptaram à destruição, com umas espécies substituindo outras, ou adquirindo características novas. Mas com a seleção artificial, feita pelo ser humano, todo o processo se desnatura, literalmente. Ninguém tem garantia de que as espécies que estão hoje no mundo conseguirão adaptar-se ao resultado de nossa interferência, se ela não for regida pelo compromisso da sustentabilidade.

Antes de planejar para um futuro distante melhor educação, melhor transporte, melhor infraestrutura de saneamento e melhor distribuição de água e eletricidade, precede, com urgência gritante, a responsabilidade de planejar os meios para a continuidade da vida humana. E como o texto defende, a primeira providência é seguir uma recomendação simples de Aristóteles (veja-a).

Não se durma sem antes pensar nisso.

Cacildo Marques, novembro 2018.

Stephen Hawking sobre o fim do mundo

Stephen Hawking about the end of the world

Cap. 1 - O alerta

Os antigos nos ensinavam que a primeira destruição do mundo veio por água, no dilúvio, e que a segunda e definitiva viria através do fogo. Não levavam em conta a queda do meteoro gigante que criou o Golfo do México e acabou com os dinossauros, talvez porque esse relato seja apenas uma hipótese, e também porque não era do conhecimento dos antigos.

De qualquer modo, a destruição da vida na Terra é esperada, e ela não virá por água. Pode vir por fumaça, de guerra nuclear, ou por outro tipo de ativação ígnea. Certamente não será por incêndio em florestas, porque a maior parte da superfície terrestre é de oceanos, que são barreiras contra a propagação.

Esse fogo que os antigos anteviam refere-se ao resultado do aquecimento global, quase certamente.

Stephen Hawking não consideraria esse "quase". O limite para a vida na Terra, segundo ele, é de apenas mais 200 anos. Além disso, a humanidade poderá extinguir-se em 30 anos, isto é, em 2047, levando em conta que ele fez a declaração em 2017. E, por essa estimativa, em 2217 a vida por aqui estará completamente extinta. Dentro desse alerta, ele fazia a recomendação: os próximos 100 anos, se por acaso tivermos mais um século de existência no planeta, devem ser dedicados à busca de condições de vida em algum outro astro sideral para o qual espécimes de humanos devem ser transferidos.

O conselho para a viagem interplanetária vinha de duas convicções de Hawking: primeiro, ele apostava na possibilidade de condições para a vida humana fora da atmosfera da Terra e, segundo, ele acreditava com grande dose de segurança que o ponto de não retorno para a vida em nosso planeta já havia sido ultrapassado.

Se ele estava certo na primeira assertiva, então temos de investir cada vez mais nas pesquisas cosmológicas e nas viagens espaciais. Mesmo que não tenhamos sucesso na busca por "novas Terras" habitáveis, o conhecimento acumulado nesse trabalho certamente trará bons frutos à humanidade, tendo ou não séculos de existência pela frente.

Se ele estava certo quanto à segunda hipótese, sobre não termos mais como reverter a caminhada para a destruição da vida neste planeta azul, cabe a nós, que aqui ainda estamos, lutar arduamente para que a vida dure o máximo de tempo possível, e nas melhores condições que conseguirmos garantir. Todos sabemos quais são os instrumentos atuais disponíveis, mas não devemos estar confortáveis por usar apenas esses, caindo sobre nós a obrigação, por imperativo categórico, de encontrar novos meios.

Hawking. Por muitos anos, e até seu falecimento no dia 14 de março de 2018, em Cambridge, Inglaterra, Stephen Hawking, nascido em Oxford, no dia 8 de janeiro de 1942, foi, certamente, o cientista mais popular do mundo. Sua história foi retratada ainda em vida num longa-metragem, "A Teoria de Tudo", de 2014, honraria que Marie Curie, Pasteur, Einstein, Planck e outros grandes nomes das ciências exatas tiveram só após a morte. O matemático John Nash recebeu o Prêmio Nobel de Economia e também teve em vida sua história contada num filme, "Uma Mente Brilhante", mas Hawking era mais famoso.

Nash e Hawking tiveram um ponto em comum em sua trajetória a fazer com que sua vida e seu trabalho causassem interesse no grande público: ambos foram vítimas de grave enfermidade e, mesmo assim, continuaram suas pesquisas, fazendo a ciência avançar, sem se deixar abater pelo desânimo que a doença normalmente traz a qualquer indivíduo. Nash, até que a farmacologia trouxesse soluções apropriadas, tinha surtos de esquizofrenia, enquanto que Hawking, desde jovem, aos 21 anos, descobriu ser acometido de esclerose lateral amiotrófica (ELA), doença degenerativa que em poucos anos transforma o indivíduo em pessoa disfuncional, impossibilitada para o trabalho. Isso, porém, não valeu para Hawking.

Em sua cadeira de rodas, continuou a pesquisar e a escrever. Tendo perdido o controle das cordas vocais e a sintonia fina dos dedos, passou a usar um sintetizador de voz, que reproduzia em fala o que ele ia escrevendo. E a escrita era obtida primeiro com o piscar dos olhos, depois com o movimento das bochechas.

Previram, dado o desenvolvimento da doença, que ele viveria 50 anos, mas ele viveu 76. Se tivesse desistido das atividades profissionais, teria vivido talvez menos que os 50 que lhe prognosticaram. Foi casado duas vezes e ao morrer deixou três filhos.

Em 1979 passou a ocupar a Cátedra Lucasiana de Matemática da Universidade de Cambridge, trabalhando ali até sua aposentadoria em 2009. A cátedra tem o nome de Lucasiana porque foi fundada, em 1663, pelo parlamentar Henry Lucas, representante daquela universidade no Parlamento inglês. Por determinação sua, o ocupante da cátedra teria de ministrar duas aulas de Matemática por semana e estar disponível por pelo menos duas horas semanais para tirar dúvidas dos alunos. O primeiro titular da cátedra foi o Professor Isaac Barrow, e o segundo foi seu xará, Isaac Newton. Por ser a cadeira de Newton, quando um professor é empossado

Stephen Hawking about the end of the world

nela já recebe um tratamento especial dentro do meio acadêmico e também da imprensa. Historicamente, Hawking esteve entre os que mais honraram essa distinção. Foi sucedido em 2009 por Michael Green, que foi sucedido em 2015 também por um xará, Michael Cates.

Entre as muitas contribuições de Hawking para a ciência destacam-se os Teoremas de Singularidade de Hawking-Penrose e a Radiação Hawking. A singularidade relaciona-se ao conceito de gravitação dada pela Teoria da Relatividade Geral, de Albert Einstein. Por essa teoria, a gravidade resulta de uma curvatura no espaço-tempo causada pela presença de matéria ou energia. Segundo Karl Schwarzshild, físico alemão, uma singularidade ocorre quando a razão entre massa e volume de uma substância ultrapassa determinado valor, o que faz surgir um ponto de densidade e energia infinitas. Em torno desse ponto, forma-se um campo onde a curvatura do espaço-tempo é também infinita, atraindo os objetos de tal forma que nem a luz pode escapar. Desse modo, o fenômeno ficou conhecido como "buraco negro". A partir de 1970, Hawking e Roger Penrose passaram a investigar as equações de Einstein sobre a curvatura do espaço-tempo e encontraram saídas para aplicá-las a todo tipo de objeto, fazendo-as descrever os buracos negros a partir dos parâmetros carga elétrica, rotação e massa. Aplicando essas soluções no nascimento do universo, Hawking mostrou que teríamos a "singularidade inicial", de energia e densidade infinitas, que teria gerado o Big Bang.

Usando seus conhecimentos profundos em Relatividade e Quântica, o cientista especulou sobre a possibilidade de viagens no tempo e a regiões situadas a anos-luz de distância. Elas, em tese, podem vir a ocorrer através dos "buracos de minhoca", que são túneis de espessura quase infinitesimal que se formam no mundo quântico em intervalos muitíssimo reduzidos de tempo. Eles conectam nosso ambiente com lugares e épocas aparentemente inacessíveis do espaço-tempo e, se a ciência provir um meio adequado de ampliar sua largura ou encolher o tamanho do viajante, então poderemos transitar por eles. Podemos imaginar, à revelia de Hawking, que, embora Sigmund Freud tenha durante toda a vida rejeitado a possibilidade da premonição, a capacidade que o inconsciente tem de, segundo o próprio Freud, ver através das paredes, pode conter a chave das visões de futuro, que, mesmo nebulosas, algumas pessoas têm, e pode explicar também o sentimento de *dejá vu*, que quase todo ser humano experimenta.

Em relação às viagens ao passado, Hawking respeitava o "paradoxo do avô", ou "paradoxo do cientista louco", aquele que, viajando para décadas passadas, balease e matasse seu avô à queima-roupa, o que acarretaria a impossibilidade da existência desse, que não poderia ter nascido. Sem uma solução visível para contornar tal obstáculo, Hawking convidava-nos a pensar na possibilidade de viagens ao futuro, pelo menos. Obviamente, se chegarmos algum dia a viajarmos ao passado, é quase certo que algo impedirá nossa capacidade de intervenção lá. Assim, se viajantes do futuro estão circulando entre nós, andam por aqui como observadores, sem chance de impedir André de se casar com Luciana ou de possibilitar um terceiro mandato quadrienal seguido a um atual presidente dos Estados Unidos.

Hawking via ainda outras duas possibilidade teóricas para viagem no tempo. Uma delas era fazer uma nave entrar na órbita de um buraco negro, com o que o tempo passaria em velocidade muitíssimo maior que em situação normal. Descarta-se na prática essa tentativa, porque não haveria voluntário para se aproximar de um buraco negro. A outra é viajar a uma velocidade próxima à da luz, que é de pouco menos que $\mathbf{3.10^8}$ m/s, ou 300 mil km/s. Pela Teoria da Relatividade, isso faz com que a passagem do tempo sofra alteração. Com uma nave 2.000 mil vezes mais rápida que a Apolo X, quatro anos depois da decolagem estaríamos viajando no tempo.

Físico Stephen Hawking

A outra grande contribuição do cientista, a Radiação Hawking, pertence à área da Mecânica Quântica. No âmbito das partículas minúsculas, o espaço-tempo vazio é vazio apenas aparentemente, pois, segundo Hawking, há um permanente embate entre partícula virtual e antipartícula virtual, elementos que se formam e em seguida aniquilam-se, ao se encontrar. Quando esses pares de partículas formam-se nas proximidades do horizonte de eventos de um buraco negro, de tal forma que uma das partículas é capturada e outra escapa, então essa que é capturada transporta massa ou energia negativas, levando o buraco negro a perder massa ou energia, de acordo com as leis de conservação. Assim, essa partícula que escapou representa uma parcela de dissolução do buraco negro, que se "evapora" na forma de radiação. Deu-se a isso o nome de Radiação Hawking.

Um dos últimos trabalhos de Hawking, desenvolvido em parceria com seu colaborador Thomas Hertog, investiga a existência de múltiplos universos, o multiverso, postulando que a expansão eterna ocorre no universo em que habitamos e em outros universos paralelos, mas não no universo maior dentro do qual esses universos múltiplos existem, depois de gerados no Big Bang. A formulação baseia-se na Teoria das Cordas, ramo da Física que busca conciliar Teoria da Relatividade e Mecânica Quântica, descrevendo os elementos fundamentais do Universo como pequenas cordas vibratórias, em lugar de simples partículas.

Além de suas importantes pesquisas e formulações na Física, Hawking dedicou-se como poucos a escrever trabalhos de divulgação científica, o que ampliou sua fama entre leitores do mundo inteiro. Entre os livros publicados com esse propósito, os mais conhecidos são "Uma Breve História do Tempo", "O Grande Projeto", "O Universo Numa Casca de Noz", "Uma Mais Breve História do Tempo" e "Sobre os Ombros de Gigantes". "Numa Casca de Noz" (*In a nutshell*) é expressão inglesa correspondente a nossa "na palma da mão".

Ficções. É importante ter em conta que ao longo do século XX, até pelo menos o ano de 1969, quando três homens desceram na superfície da Lua, o interesse pela ciência era despertado nos jovens pelos textos de ficção científica, em quase todos os casos, e que hoje esse papel tem sido transferido para textos de divulgação no formato de ensaio. A "Viagem à Lua" de Jules Verne, que tanto mexeu com a imaginação de leitores, foi realizada concretamente naquele ano de 1969, trazendo a ficção das jornadas espaciais para o universo da verossimilhança total, a não ser para certo número de vítimas da teoria da conspiração e outra parcela de analfabetos, que não "engolem" aquele feito. O caso dos analfabetos é fácil de entender, porque eles, com raras exceções, vivem no ambiente do palpável, e o que veem à distância só pode ser absorvido como algo muito próximo, de modo que a Lua assemelha-se a uma pizza de mussarela, em seu tamanho, e o Sol a uma calota brilhante de roda de carro, sem que nada fora da superfície terrestre, a não ser os meteoritos e os granizos, sejam objetos com mais de duas dimensões. Não pense o leitor que o analfabeto tem alguma culpa por pensar desse modo ou por estar na condição de analfabetismo. A culpa é do sistema político em que ele vive, pois há pouca mazela mais condenável que essa de manter um adolescente sem domínio de leitura e escrita.

    Quanto aos crentes da teoria da conspiração, estes não são vítimas da ausência de ensino de primeiras letras, mas são vítimas do sistema educacional, de qualquer modo. Assim como o analfabeto não consegue conceber distâncias astronômicas e perspectivas, o adepto da teoria da conspiração não assimila a ideia da igualdade essencial dos seres humanos, principalmente na fragilidade. Ele imagina que entre nós há uma equipe organizada de super-homens que, mesmo sendo suscetíveis a gripes e tendo de satisfazer necessidades fisiológicas básicas, são dotados de um poder maldoso e de um conhecimento profundo que lhes permitem manipular e controlar o restante dos indivíduos, que são semelhantes entre si, mas não a eles. Ele acredita numa casta secreta, cujos membros circulam nas ruas como se fossem pessoas comuns, mas que de comuns têm só a aparência externa e alguns comportamentos que lhes permitem disfarçar sua natureza especial. A igualdade essencial vem das religiões abraâmicas, mas também do zen-budismo e de outras doutrinas. Se isso não é suficiente, o jovem ainda tem de estudar o conceito da "tabula rasa", de John Locke, no colégio. Se a "tabula rasa" não é a lousa branca que Locke imaginou no século XVII, e não é mesmo, como afirma Steven Pinker, o conceito não se anula, porque a biologia nos põe a todos numa condição única, como põe também, em sua realidade própria, os cavalos, os atuns, as águias e os pernilongos. Até os dias de hoje, o único dote que pode dar mais poder a uns que a outros, fora das convenções políticas abertas, é a patente, registrada ou não, que deriva de objetos de criação intelectual. Imaginemos o proprietário de uma frota de caminhões que desenvolve um motor barato movido a ar . Ele pode registrar e divulgar o produto, usufruindo os 20 anos de direitos sobre ele, mas pode também mantê-lo apenas em seus veículos, obtendo uma vantagem imensa sobre os concorrentes, que têm de continuar gastando com combustível. Seus motoristas podem conhecer o sistema, e receber uma propina para não revelá-lo, ou podem ser mantidos na ignorância, com algum artifício. É, pois, a patente, de produto ou de esquema, que pode permitir a um indivíduo se sobrepor a outros, em poderio econômico e até político. Os herdeiros precisarão de muita perspicácia para não serem arrastados nos vendavais da destruição criadora. A alternativa a isso, a condição de nascimento em castas superiores, é coisa da Antiguidade, que se mantém hoje em algumas sociedades como um fóssil incômodo. Na Índia, há décadas o sistema de castas perdeu o caráter oficial, como aconteceu também com o Apartheid da África do Sul. Se em termos culturais as castas permanecem é porque certas tradições milenares precisam de muito tempo para se extinguir. Mas o desaparecimento efetivo do modelo é inexorável, porque o sistema republicano, com mandatos curtos de governantes eleitos democraticamente, é incompatível com ele no longo prazo.

Assim como ocorre com o sonho, que se articula quase sempre no cérebro do indivíduo que dorme como uma espécie de história ficcional, no cérebro do homem acometido de teoria da conspiração o arranjo acontece como um caso de ficção, sem que ele se dê conta disso, tal qual no sonho. A grande diferença é que agora o processo é doentio, e progressivo. O crente da "teoria" desespera-se com a dificuldade de convencer as pessoas sãs da pretensa verdade que ele enxerga. E do mesmo modo que um dependente alcoólico rebate o diagnóstico dos amigos sobre seu problema, o crente conspiratório sente-se profundamente incomodado quando alguém tenta desmontar sua "tese", podendo inclusive ativar uma descarga de adrenalina, que o leva a passar horas em estado alterado.

O transtorno delirante de tipo persecutório, a antiga mania de perseguição, atua de modo diverso, de acordo com as informações que o indivíduo detém. Em alguém minimamente politizado, para o bem ou para o mal, o "eu", objeto da perseguição, é substituído pelo "nós".

Se esse indivíduo adquire poder, político ou econômico, e está em estágio avançado de inculcação, os riscos de ele enveredar por caminhos violentos na busca de solução para o que ele vê como o problema do mundo são enormes. A vítima mais notória da crença na teoria da conspiração foi, sem dúvida, Adolf Hitler. Todas as outras, incluindo Nero, produziram estrago menor.

Cap. 2 – Ecologia e aquecimento

Ecologia. O ano de 1969 não apenas significou uma mudança de visão em relação aos textos de ficção científica, mas trouxe, com a viagem à Lua, a consciência repentina de que a Terra, vista do espaço como uma pequena bolota azul, é um ser frágil que demanda nossos cuidados, e que pode ser destruída ou desertificada por nossas ações, se elas não forem responsáveis. De um momento para o outro tomou pulso o desenvolvimento da Ecologia, um ramo da Biologia que não parecia ser tão necessário.

Por definição, Ecologia é a área científica que estuda as relações dos seres vivos entre si e com o meio em que vivem, isto é, o meio ambiente de seu entorno. O termo é formado pelas palavras gregas *oíkos* (casa) + *lógos* (discurso). Como parte desse estudo desenvolveram-se conceitos como ecossistema, bioma, cadeia alimentar, biodiversidade e sustentabilidade. Neste último termo, sustentabilidade, entende-se estar a chave para o prolongamento saudável da vida na Terra. O desenvolvimento pode ser predatório ou sustentável, e um ou outro depende das atitudes da espécie humana.

A era dos Descobrimentos, concomitante ao movimento cultural do Renascimento, e a Revolução Industrial, cerca de quatro séculos depois, foram os dois grandes surtos de progresso que a humanidade viveu depois da Idade Média europeia. Era ainda a era da inocência, no sentido de que julgávamos que os recursos naturais eram elásticos, intermináveis e auto-regenerativos. O desaparecimento de algumas espécies animais usadas na alimentação, como o auroque e o doudo, nem de longe era suficiente para acordar as pessoas quanto à capacidade destrutiva do elemento humano sobre a natureza em volta. A primeira viagem de circunavegação da Terra empreendida por Fernão de Magalhães entre 1520 e 1522 (tendo atravessado o Oceano Pacífico, ele morreu ao chegar às Filipinas, atingido por uma flecha, em 1521, e seus homens continuaram a expedição) em nada abalou a convicção de que éramos senhores do mundo e de que ele nos serviria de bom grado em todas as épocas futuras, enquanto não viesse Nosso Senhor, o Senhor dos senhores, e realizasse aqui o juízo final, alguns milênios à frente. Deve-se notar que a primeira destruição, a do Dilúvio, veio por ter sido provocada pela iniquidade dos homens da época, o que levou o Senhor a planejar uma renovação, a partir de um homem justo, chamado Noé. Os mesmos que creem nesse relato imaginavam que a

Stephen Hawking about the end of the world

segunda e definitiva destruição, que só deixará cinzas, virá por vontade onipotente do Criador, sem que nós, filhos de Adão, tenhamos alguma participação na antecipação ou no adiamento dessa ocorrência trágica.

O que discutiremos neste trabalho é a possibilidade de escaparmos dessa culpa pela antecipação. Se controlarmos nossa interferência a ponto de deixarmos a vida na Terra seguir seu curso, sem comprometer de modo incorrigível o equilíbrio ecológico, poderemos contrariar o prognóstico de Hawking. Temos ainda essa chance?

Indústria. Com a Revolução Industrial, os atos de externalidades a ela relacionados, de abrir rodovias, derrubar florestas, poluir rios e despejar fuligem nos arredores das fábricas, apenas ampliavam a ilusão de que nós humanos podíamos arrogantemente controlar a natureza a nosso favor sem que nunca uma resposta agressiva viesse da parte dela.

Antes, já com os inventos de Arquimedes e dos membros da Escola de Mecânica de Alexandria, como Aristarco de Samos, Ctesíbio, Heron (Hierão em Portugal), Hiparco, Cláudio Ptolomeu e outros, sem esquecer nos primórdios as figuras extraordinárias do geômetra Euclides de Alexandria e do bibliotecário Eratóstenes de Cirene, chegando mais à frente ao nome da não menos notável Hipácia, morta por fanáticos religiosos católicos no ano 415, em data que hoje corresponde a 8 de março, atual dia das mulheres, já com os inventos e conceitos desenvolvidos por esses sábios ao longo de séculos, a humanidade passou a fortalecer sua convicção de que poderia dispor da natureza de modo irresponsável, ciente de que ela está aí para nos servir.

Entretanto, daqueles tempos alexandrinos, século III a.C., até o século XIX, com a consolidação da Revolução Industrial, nossa intervenção na diversidade ecológica era pequena, propiciada por instrumentos como arado, foice, alavanca, pólvora e arcabuz. Basta compararmos a derrubada das árvores de uma fazenda à custa de machado e foice com o que uma motosserra veio proporcionar e veremos uma amostra da diferença de poder entre os medievais, os renascentistas e nós. Avançando na ciência e na tecnologia chegamos à locomotiva, ao barco a vapor, à hidrelétrica, ao rádio, ao avião, à TV, ao submarino nuclear, à bomba atômica, à internet e ao telefone celular, que hoje é um pequeno computador de bolso. Um dado cálculo de determinantes (de ordem 20) que no fim do século XIX estimava-se que seria realizado em cem anos é agora feito em alguns segundos, com o uso de computadores básicos. Se ainda não pisamos em Marte, já enviamos sonda para fotografar Plutão de perto, nas franjas do Sistema Solar. E estamos com telescópios espaciais fotografando para nós outras galáxias, muito além de nossa Via Láctea.

Essa diferença no tempo de cálculo, de cem anos para dois ou três segundos, é uma amostra de como nosso poder de intervenção na natureza foi multiplicado ao longo dos últimos dois séculos, e principalmente no século XX.

Aqueles que a imprensa chama inapropriadamente de "céticos" do clima, que de céticos têm apenas a pretensão, já que são simplesmente refratários, imaginam que só produziríamos uma intervenção destrutiva na vida da Terra se explodíssemos ao mesmo tempo um grande arsenal de bombas atômicas nos vários continentes do globo e que todo o resto das atividades humanas baseadas em modernas tecnologias apenas fazem cócegas na superfície terrestre. Quando se apresenta a eles os dados sobre o derretimento das calotas polares, imediatamente retrucam com dados das baixas temperaturas no inverno, sem se dar conta de que o derretimento do gelo está por trás desse aumento de amplitude da escala térmica, para mais e para menos.

Os céticos do clima somos todos nós que discutimos as diversas formas de intervenção humana, involuntária ou não, nos equilíbrios climático e ecológico do planeta. Porque nós não sabemos ainda as dimensões dessa nova realidade, e apostamos, em quase todo o tempo, na possibilidade de estarmos vendo um estrago muito menor do que o que de fato já ocorreu.

Os refratários são os que negam pela raiz o aquecimento antropogênico, construindo uma imensa barreira à frente de si mesmo para impedir a intelecção de qualquer informação relacionada à possibilidade da intervenção humana no clima da Terra. Muitos desses são cientistas capazes, que poderiam contribuir para encontrar soluções. Rejeitando a existência do problema, eles agem apenas como lança-chamas, majorando os possíveis danos.

Refratários não são novidade na ciência. Na Grécia Antiga, pelos relatos de Aristóteles, Zenão de Eléa apresentava paradoxos para questionar as explicações dos matemáticos do período pré-socrático. A atitude era positiva porque, longe de atrapalhar o progresso das pesquisas, ajudava na busca de caminhos para contornar o obstáculo colocado. Se não conseguissem absorver o paradoxo na teoria, é porque ela estava incompleta ou inconsistente. O caso mais notório foi o oxímoro chamado de "Aquiles e a tartaruga", para pôr em cheque as teorias de movimento. Pela imagem criada por Zenão, Aquiles apostava corrida com a tartaruga e, como sendo sabidamente mais veloz que ela, dava-lhe uma vantagem. Ela sairia algumas léguas à frente. Num dado momento, Aquiles teria vencido aquela vantagem que ele deu, chegando ao ponto de partida da tartaruga. Mas nesse mesmo instante, a tartaruga, mesmo com sua lentidão, teria corrido também outro tanto. Quando Aquiles chegasse a esse novo local, ela já estaria num terceiro ponto, e assim sucessivamente. Repetindo esse raciocínio, Aquiles não alcançaria a tartaruga, porque ela estaria sempre à frente.

Como sabemos, só a partir do Renascimento, com o trabalho de Galileu e Huygens (pronuncia-se Rhóiguens), é que os estudos do movimento puderam dar resposta àquela e a outras aporias da Antiguidade.

Refratários. No início do século XX Jules-Henri Poincaré escreveu: "Lorde Kelvin é o cientista mais refratário que eu conheço." Conta ele que Kelvin soube da experiência de Santos Dumont no Campo de Bagatelle, em 12 de novembro de 1906, fazendo levantar voo um aparelho mais pesado que o ar. Isso foi feito a partir da descoberta do engenheiro brasileiro relativa à propulsão vertical dos motores, quando estava usando o motor para realizar as manobras aéreas de seu Balão 14. William Thompson, o Lorde Kelvin, presidente da Royal Society naqueles dias, certamente não recebeu a informação sobre a descoberta, pois, segundo Poincaré, ele fez questão de publicar em periódico inglês um artigo "demonstrando" que o voo do mais pesado que o ar era impossível. Afirmou que "Máquinas voadoras mais pesadas que o ar são impossíveis", enquanto expressava sua fé nos balões. Ele tinha interpretado a notícia do voo do dia 12 de novembro como uma "fake news".

Os refratários do clima estão em boa companhia, portanto, embora quando se apresentem como "céticos" estejam formando fileira com o lado pastoso e obscuro dos enganadores. Além disso, Kelvin era refratário, mas não inimigo das evidências. Ele morreu um ano depois daquela primeira decolagem, e foi uma pena não ter vivido para ver os aviões sendo usados, por proposta de Santos Dumont ao governo francês, para combater os alemães e os turcos na I Grande Guerra. Cabe aqui mais um parêntesis em favor de Kelvin. Um cientista, qualquer um, pode ser ludibriado por uma notícia de jornal regular, não especializado em ciência, ou por notícia de órgãos eletrônicos. Isso porque nesses casos a notícia é sempre incompleta. Se vem a notícia de um novo invento, dificilmente ela é acompanhada da descoberta científica que gerou. A diferença entre um novo invento e um novo modelo de utilidade é que no primeiro deve haver sempre uma novidade científica envolvida.

Alguém noticiar, no início do século XX, que determinado

pesquisador conseguiu voar num aparelho mais pesado que o ar, sem explicar como, é quase o mesmo que lançar hoje a notícia de que um cientista conseguiu fazer uma viagem ao passado, em carne e osso, com possibilidade de interferir lá. Podemos escrever um artigo, usando o paradoxo do avô, demonstrando que a notícia é mentirosa.

Sem a descoberta feita por Santos Dumont, da propulsão vertical, não havia como alguém entender o voo que ele realizou em Paris. E tanto ele sabia do ineditismo da situação que antes convocou a imprensa, para testemunhar o experimento. Os repórteres viram, mas não souberam expor o que estava por trás.

Os refratários de agora são de uma natureza mais preocupante, porque, além de se agrupar em correntes de pensamento de resistência, não contribuem com o avanço científico, pelo menos nos aspectos em que eles se mostram incrédulos extremos.

A ciência, para avançar, precisa dos críticos, dentro da própria atividade científica, que escrutinam as afirmações de outros pesquisadores. Toda descoberta e toda tese precisam submeter-se à refutação, conforme defendeu Karl Popper, seguindo a linha do ceticismo de Bertrand Russell. O processo de refutação não deve estar na mão de refratários, sabotadores ou preguiçosos, desses que não leram e não gostaram. Trata-se de atividade nobre, de pessoas que se dedicam a verificar se há falhas no raciocínio, nos dados ou nas conclusões de quem apresenta uma novidade científica. Essa tarefa foi muito notável, por exemplo, nos quase três séculos em que matemáticos buscaram resolver o Problema de Fermat, que consistia em demonstrar que não podem ser simultaneamente inteiras as bases de uma terna pitagórica – primeiro cateto, segundo cateto e hipotenusa – quando o expoente da primeira relação da Trigonometria, com o quadrado da hipotenusa, a^2, igualando-se à soma dos quadrados dos catetos, $b^2 + c^2$, for trocado por qualquer número inteiro maior que 2, o expoente original dos termos da igualdade. Sempre que alguém apresentava uma pretensa solução, imediatamente matemáticos de várias partes do mundo passavam a checar o trabalho, sempre achando alguma falha. O motivo maior é que havia prêmios vultosos, oferecidos por grandes universidades e até governos, ao felizardo que alcançasse a solução. Finalmente, em 1995, Andrew John Wiles, matemático nascido em Cambridge, Inglaterra, em 1953, divulgou sua prova definitiva, sem falhas, dois anos depois de ter trazido à luz uma primeira versão que logo foi desmontada pelos críticos.

Esse trabalho de refutação nos séculos XX e XXI é fundamental porque a humanidade já foi muito enganada em nome da ciência em épocas anteriores, tudo dentro da maior boa-fé. Um exemplo foi a técnica da sangria, que a Medicina usou por séculos, até meados do século XIX. O processo consistia na extração de grande quantidade de sangue do corpo do doente, na esperança de que o mal que o acometia escorresse junto à porção retirada do sangue. Grande número de pacientes teve a morte apressada com esse método, como foram os casos, por exemplo, de Ada Lovelace, criadora da linguagem de programação de computadores, e de seu pai, o poeta Lord Byron, mas isso não convencia os médicos de que o procedimento estava errado. Nos dias de hoje, se alguém surge com um novo método de cura que não tenha sido submetido à refutabilidade, logo passa a ser visto como muito suspeito e, em regra, tem sua novidade descartada dos meios acadêmicos, até segunda ordem.

O termo "refutabilidade" é muito forte, e traz a impressão de que o trabalho científico é rejeitado de antemão. Na realidade, é quase isso. Uma importante relação de causa e efeito descoberta nos dias atuais, por mais espetacular que seja, precisa ser replicada. Se um laboratório na Austrália conseguiu o feito em primazia, outro na França, no Japão ou nos Estados Unidos precisa obter o mesmo resultado, sob condições idênticas. Do contrário, a comunicação fica apenas com uma hipótese, se não for refutada logo.

Então como é possível desenvolver trabalhos sobre Cosmologia, se nós não estamos lá nas outras galáxias testando fatos? A tarefa, como Einstein sempre frisou, é primordialmente matemática. Atualmente satélites artificiais ajudam os pesquisadores, fotografando e enviando para a Terra tudo aquilo que está diante deles, mas, na maioria das vezes, as imagens chegam para confirmar cálculos e equações. Uma ou outra novidade aparece nas fotografias, levando a novas especulações, mas nenhuma garantia teríamos em relação ao comportamento de astros e nebulosas se não tivéssemos a Matemática como esteio para a pesquisa.

Quando Einstein afirmou que, qualquer que fosse "tua dificuldade matemática", a dele era "muito maior", ele não quis dizer que enfrentava dificuldade em qualquer ponto da Matemática básica, mas que, para o trabalho dele, era necessário usar recursos muito avançados, ante os quais qualquer um estaria em apuros.

Quando a academia institui como *mainstream* uma determinada visão do estágio da pesquisa nas ciências "duras", está inescapavelmente amparada em resultados matemáticos. Os refratários, se quiserem evoluir para a condição de céticos, já sabem o que fazer: verificar a fundo os números, as equações, os teoremas e os modelos, buscando alguma inconsistência. Apesar da decepção que terão com suas crias, os cientistas responsáveis pela ideia destronada só terão a agradecer. E os críticos ganharão o reconhecimento por terem impedido que um erro se propagasse. Sem essa atitude do escrutínio, os negacionistas alinham-se não aos céticos, mas aos adeptos de alguma teoria da conspiração.

Aquecimento. A partir de 1952 a imprensa começou a tratar, de modo esparso, do tema "mudança climática". Uma reportagem de novembro de 1957 no jornal *The Hammond Times*, de Indiana, EUA, abriu ao público em geral um dos objetos de pesquisa do Professor Roger Revelle, da Universidade da Califórnia em San Diego, que era justamente a questão da ação humana sobre o clima. Ali o pesquisador descrevia o aumento da temperatura na Terra causada por emissões de CO_2, o dióxido de carbono, na forma do que ele chamou de "efeito estufa". O conceito de efeito estufa, porém, não é do século XX, mas do século anterior, formulado por Svante August Arrhenius, que ganhou o Prêmio Nobel de Química de 1903, e gases que provocam efeito estufa vão além do dióxido de carbono, podendo ser óxido de nitrogênio, metano e outros.

Os que resistem à ideia do poder da ação humana sobre o clima global argumentam que o aquecimento observado teria de ocorrer, mesmo que nenhum indivíduo humano estivesse sobre a Terra. Em um milênio ou outro ocorrem alterações na temperatura do planeta, dizem eles. Os livros didáticos do ensino básico contam que nós americanos viemos da Ásia entre sete mil e onze mil anos atrás atravessando o Estreito de Behring em épocas de congelamento da região. Pensam eles que se o estreito estava congelado milênios atrás e não está agora, então esses degelos nos visitam de tempos em tempos, sem que nós possamos interferir. Ora, que viemos sobre o gelo é pouco provável. Que viemos pelo estreito é fato quase cem por cento verdadeiro. Pesquisadores, aliás, já mostraram que muitos milênios atrás pescadores podiam deslocar-se em suas embarcações por longas distâncias no mar. É mais provável que houvesse mais ilhas na área do estreito, ilhas hoje cobertas pelas águas. Sendo assim, a passagem de uma ilha a outra, até a chegada ao continente americano ficava muito facilitada. Sim, há 21.000 anos a Ásia e a América estavam ligadas. Mas a última glaciação, naquela época, levou à conformação atual. Se fizemos a travessia dez mil anos depois, não foi caminhando ou esquiando no gelo. Viemos, quase certamente, por caminho aquático.

Os céticos, que são os cientistas mais bem informados, sabem do aquecimento global atual e atribuem sua causa, com base em fortíssimas evidências, à ação humana. Os refratários aceitam que existe o atual aquecimento global, mas, sem ter nenhum ideia de qual possa ser a causa, negam a causa antropogênica. Para eles, a razão deve estar em algum lugar no interior do planeta, no espaço sideral, na ionosfera, ou em nossa própria atmosfera, sem que possamos identificá-la hoje e sem talvez termos chance de identificá-la no futuro.

Essa atitude não deixa de ser uma tomada de posição, mas ela é parecida com a daqueles bispos que se negaram a olhar no telescópio o que Galileu Galilei queria que eles vissem, mantendo suas convicções inabaladas e tratando de obter a condenação à prisão para o cientista de Pádua.

É importante notar que a posição negacionista é de indivíduos isolados, ainda que haja entre eles quem tenha cargo de pesquisador em instituição científica. Quanto aos centros de pesquisa na área do clima, não há nenhum órgão importante no mundo defendendo posição refratária.

Projeções indicam que ao longo do século XXI a temperatura média sofrerá aumento de até 4,8%. Se todas as providências cabíveis forem tomadas para reduzir o ritmo de aquecimento, ainda assim haverá aumento de pelo menos 0,3%. Este último cenário é auspicioso, mas é quase totalmente improvável.

Além do aumento da temperatura média, que deve ser maior na superfície de solo que nos oceanos, espera-se aumento do nível do mar – pequeno, não a subida de meio metro ou um metro como os alarmistas divulgam por aí -, aumento do derretimento do gelo das calotas polares, secas, nevascas e alterações nos níveis de chuvas. Podem ocorrer também desaparecimento de espécies e problema no abastecimento de alimentos, por causa da maior frequência das inundações.

Erupções vulcânicas, radiações solares e variações da órbita terrestre são possibilidades naturais para alterações climáticas. Antes de nossas atividades industriais adquirirem dimensão suficiente para interferir no clima global, aquelas eram as opções que se levavam em conta para explicar grandes mudanças no aquecimento ou no resfriamento da superfície da Terra. A partir de meados do século XX, e em proporção crescente, os fatos não são mais tão simples. Nós não apenas instalamos grande número de satélites artificiais em torno de nosso planeta, mas passamos a produzir efeitos nocivos como resultado de externalidades ligadas a grande parte de nossas atuações dentro do modo de vida contemporâneo.

Antes era um trem que carregava centenas de pessoas movido por uma locomotiva que soltava fumaça pelos ares. Também o navio a vapor emitia sua fumaça. Se isso alterava a temperatura do ambiente a quilômetros de distância, era em nível imperceptível. Agora são milhões, quase um bilhão, de famílias que possuem carro próprio e nele andam quase diariamente despejando CO_2 no meio ambiente. Isso, além de transformar a atmosfera terrestre num gigantesco forno esférico, pelo efeito estufa, traz o problema suplementar do prolongamento da alta temperatura. Mesmo que consigamos fazer cessar todas as fontes de emissão de gases e de novos aquecimentos, a situação já configurada impede o resfriamento no curto prazo. Pelo próprio efeito estufa, a volta ao status quo, à temperatura prévia ao aquecimento global, demandaria décadas ou séculos.

Um bloqueio de cinco dias promovidos por caminhoneiros nas rodovias do Brasil, entre 21 e 26 de maio de 2018, levou à falta de combustível nas grandes cidades. Com a redução brusca da circulação de automóveis, a poluição do ar da cidade de São Paulo, a maior da América do Sul, caiu pela metade, em comparação com a dos dias normais de trabalho. Ninguém quer ser obrigado a deixar seu carro na garagem, mas que a sociedade retorne, por meios consensuais e com a ajuda da ciência, a esse grau de poluição, isso é, se não ainda o ideal, algo muito desejável.

Quando Blaise Pascal lançou sua proposta de transporte coletivo, na Paris do século XVII, sua intenção era de que os pobres tivessem acesso à carruagem, carruagem coletiva, antevendo que não haveria o dia em que cada família possuísse seu carro particular. Se hoje cada família tem seu carro nos países mais desenvolvidos, como nos Estados Unidos (embora com o advento da Reaganomics - concessões de serviços públicos - muitas famílias negras tenham caído no empobrecimento e ficado sem seu veículo, como se viu no desastre do furacão Katrina em Nova Orleans), isso se deve mais a uma insistência da indústria, desde Henry Ford, que a uma necessidade individual de abandonar o trem, o ônibus e outros veículos de transporte coletivo. Não queiramos, entretanto, culpar Ford e outros industriais do início do século XX, porque eles não podiam imaginar que seu produto fosse um dos principais responsáveis pela virada, isto é, pela chegada do momento em que as ações humanas passariam a interferir no clima global.

Henry Ford morreu em 1947 e o aquecimento global passou a ser preocupação a partir de meados dos anos 1950. Outros industriais estavam na corrida por oferecer mais produtos aquecedores, como os concorrentes das fábricas de carros, os fabricantes de aviões, os donos de indústria de motocicletas, os produtores de navios e assim por diante. Todos estavam certos de que, se prejudicassem o meio ambiente, seria em nível estritamente local.

Pelo que conhecemos da Termodinâmica, desde os tempos da Revolução Francesa, a dissipação da energia, que ocorre na forma de calor, é quase sempre pura perda. Se acendemos uma lâmpada de filamento, parte da energia elétrica gasta ali transforma-se em energia luminosa, a que nós queremos, enquanto outra parte dissipa-se como calor. O que até os anos 1940 era entendido como mera perda, mero desperdício de energia, hoje é visto como subproduto danoso, a contribuir para o aquecimento global no contato com gases de efeito estufa.

A inventividade humana pode encontrar soluções que neste momento não vislumbramos. No caso das lâmpadas elétricas, em 1962 a General Electric lançou a lâmpada de LED (*Light Emitting Diode* = Diodo Emissor de Luz), que hoje tem grande popularidade. Desde o começo do século XXI as lâmpadas dicroicas (do grego *dichroos* = bicolor) se espalharam no mercado, por causa de seu baixo custo de consumo, mas elas desprendem calor em grande proporção, embora não tanto quanto as lâmpadas de filamento antigas. Já as lâmpadas de LED dissipam calor em quantidade minúscula.

Para os motores de carros e de outros veículos, a tendência, não só pelo avanço da tecnologia, mas pela própria tomada de consciência em relação à sustentabilidade, desencadeada na Rio-92, é de substituição do uso de combustíveis fósseis, como gasolina e óleo diesel, por meios mais limpos, indo dos biocombustíveis ao uso da eletricidade e do hidrogênio. Não será grande surpresa se veículos movidos a energia solar lotarem as ruas dentro de alguns anos. Mas em todas essas possibilidades alternativas ao carvão e ao petróleo, embora a grande preocupação seja a redução da emissão de gases de efeito estufa, as pesquisas precisam voltar a atenção para a redução da dissipação de calor, o que significa automaticamente aumento de eficiência das máquinas.

É claro que temos de estar preparados para enfrentar reveses, como a decisão do Presidente Donald John Trump de rejeitar o Acordo de Paris sobre o clima. Por esse capricho dele, o resultado mais palpável de sua política foi a ressurreição do preço do barril do petróleo no primeiro semestre de 2018. Tivesse sido validado o compromisso, com o cumprimento do Acordo por todas as grandes potências industriais, o preço do petróleo teria sido mantido em curva descendente, até o abandono mundial desse tipo de energia, previsto para a década de 2030.

No sistema presidencial, o presidente tem poder desmesurado. O mundo agora precisa fazer figa para que o próximo governante dos Estados Unidos tenha posição diversa dessa de Donald Trump em relação ao risco climático, seja ele do Partido Republicano, seja do Partido Democrata. Tal equívoco do presidente, junto a outros do mesmo nível, custará a ele o reconhecimento por suas políticas positivas, como é o caso da luta pelo estabelecimento do pleno emprego. Os refratários do aquecimento antropogênico, como parece ser o caso de Trump, são uma pequena minoria entre as pessoas de nível superior, portanto, será acontecimento insólito se o sucessor dele for adepto da mesma crença. Caso venham duas duplas de mandatos quadrienais, perfazendo 16 anos, de rejeição a acordos climáticos por parte dos Estados Unidos, então o prognóstico de Hawking terá grandemente aumentada sua chance de estar correto, não pelo fato de um entre mais de duas centenas de países agir como rebelde, mas por ser esse país rebelde o mais poderoso e mais industrializado da Terra.

É também preocupante a possibilidade de a China burlar sua própria assinatura, ela que no início de 2018 abandonou a caminhada rumo à democracia moderna quando restaurou o estatuto da reeleição presidencial por indefinido número de vezes. Uma possível guerra mundial prolongada tendo com ator central um país de 1,35 bilhão de habitantes, quase 20% da população global, não deixará viva alma entre os membros da espécie humana, e é para isso que o mundo caminha se vingar a vitaliciedade presidencial chinesa, conforme sua recente reforma constitucional. Logo após o fim da II Guerra, os Estados Unidos trataram de limitar em dois mandatos quadrienais o período máximo para um governante. Os Estados da Europa aos poucos foram reduzindo o tamanho de seus mandatos, como foi o caso da França, que, sob a presidência Sarkozy, reduziu de sete para cinco anos o período, limitando em dois mandatos quinquenais a possibilidade de exercício presidencial por uma mesma pessoa. E a União Europeia, ao instituir a presidência do Conselho Europeu, limitou seu exercício em dois mandatos de 2,5 anos. A China agiu, portanto, na contramão da história, rumando de volta para os tempos de Hitler, Franco, Papa Doc, Somoza e Ferdinand Marcos, estes últimos, restolhos do período entre-guerras ou do imediato pós-guerra.

A ONU foi criada, em substituição à fracassada e efêmera Liga das Nações, para garantir a paz entre os países membros. Isto significa que, mesmo não havendo propósito explícito de desmerecer ditaduras vitalícias, esse trabalho está embutido na atuação da entidade, que sabe, por sua experiência de décadas, que os gastos com suas Tropas de Paz ocorrem nas áreas em que vicejam governos antidemocráticos. Nos últimos tempos ela está também envolvida com a garantia da saúde do clima, como não poderia deixar de ser.

Medidas. Uma providência importante na história da ação ambiental ocorreu em 21 de março de 1994, quando entrou em vigor a Convenção

Stephen Hawking about the end of the world

Marco das Nações Unidas sobre a Mudança Climática, com sede em Bonn, Alemanha, depois de ter sido aprovada em 9 de maio de 1992.

Antes disso já havia sido criado em 1972 o PNUMA, Programa das Nações Unidas para o Meio Ambiente (em inglês, UNEP: *United Nations Environment Program*), com sede em Nairóbi, Quênia, com o objetivo de ajudar países em desenvolvimento a adotar práticas condizentes com padrões ecológicos aceitáveis. Este órgão surgiu como resultado da Conferência das Nações Unidas sobre o Meio Ambiente, em Estocolmo, Suécia, em junho daquele ano.

A atuação desses órgãos, porém, vinha sendo muito discreta e pouco efetiva. Assim, em 1988 foi criado, com sede em Genebra, Suíça, o Painel Intergovernamental sobre Mudança Climática (IPCC: International Panel On Climatic Change), numa parceria da Organização Meteorológica Mundial (OMM) com o PNUMA. A página web do IPCC é *www..ipcc.ch*

O acerto da criação do Painel é inquestionável e uma prova disso é que em 12 de outubro de 2007 seu grupo de cientistas, dirigido pelo engenheiro industrial indiano Rajendra Pachauri, dividiu o Prêmio Nobel da Paz com Al Gore Jr., o ativista ambiental que, depois de ser vice-presidente, foi candidato à presidência dos Estados Unidos pelo Partido Democrata no ano 2000 e é primo do escritor Gore Vidal. Desde esse ano de 2007, não há pessoa bem informada no mundo que ignore a atuação do IPCC. A parte que coube ao Painel do dinheiro da premiação foi dividida entre os membros pesquisadores da equipe.

O IPCC tem emitido uma série de Informes de Avaliação sobre o clima, sendo o primeiro deles (FAR: *First Assessment Report*) o de 1990 e, por causa dele, a Assembleia Geral da ONU decidiu criar a Convenção sobre mudança climática, que passou a vigorar em 1994, como vimos acima.

Na Rio-92, ou Cúpula da Terra, foi emitido um Informe Complementar.

O Segundo Informe de Avaliação (SAR) foi publicado em 1995 e serviu de base para o Protocolo de Quioto, finalizado em 1998 e posto em vigor em 2004, quando se conseguiu a adesão da Rússia. Por esse Protocolo, os países signatários comprometiam-se a tomar medidas para reduzir a emissão dos seguintes gases de efeito estufa: dióxido de carbono (**CO_2**), metano (**CH_4**), óxido nitroso (**N_2O**), hexafluoreto de enxofre (**AF_6**), hidrofluorcarbonos (HFCs) e perfluorcarbonos (PFCs).

O Terceiro Informe de Avaliação (TAR) veio à luz em 2001 e através dele viu-se a necessidade de ampliar o grupo de países que assinou o Protocolo de Quioto e também de elaborar um protocolo mais restritivo, para entrar em vigor após a caducidade, em 2012, daquele que estava em vigor.

O Quarto Informe de Avaliação (AR4) foi publicado em 2003, com indicação de que seria completado em 2007. Nesse ano, em Bali, Indonésia, obteve-se um acordo segundo o qual os países em desenvolvimento investiriam em energias renováveis, em paulatina substituição aos combustíveis fósseis, com vistas a estancar o aumento do aquecimento global..

O Quinto Informe de Avaliação (AR5) surgiu em 2014. Nele aprofunda-se a certeza quanto à ação humana no aquecimento global, elevando de 90%, o grau estabelecido em 2007 ("muito possível"), para 95% ("extremamente possível").

Está claro, portanto, que, mesmo para o IPCC, vale a posição cética: existe ainda uma margem de 5% de possibilidade de a maioria estar errada em relação à aposta no aquecimento antropogênico, já que não se trata aqui da solução de uma equação matemática, com variáveis isoladas de qualquer perturbação estranha. Os refratários, ao contrário, abraçam com certeza o entendimento complementar, de que, se há alguma chance para a participação humana no aquecimento, esta é de 5%, quando muito, caso admitam mesmo alguma controvérsia. Sabemos que um refratário extremo põe essa taxa em 0%.

Se forem mesmo céticos, e não absolutamente refratários, os negacionistas da ação antropogênica precisam adotar a atitude prudente que a teoria dos jogos em sua forma incipiente recomenda. A famosa Aposta de Pascal, para voltar a este cientista-filósofo francês, apresentada na nota 233, seção III, de seu livro Pensamentos, consiste num esquema que inaugurou o raciocínio da Esperança Matemática. Se acreditas na divindade, i. e., aceitas a transcendência da alma, agindo em conformidade com tal crença, e a transcendência existe de fato, terás um ganho um infinito após a morte; se acreditas e ela não existe, terás perda finita (uma vida); se não acreditas e ela existe, terás perda infinita; se não acreditas e ela não existe, terás ganho finito (uma vida). Se está em tuas mãos escolher entre acreditar ou descrer, o valor esperado, ou a esperança matemática, de escolher acreditar é sempre superior ou igual ao de escolher descrer.

Façamos agora uma adaptação da Aposta de Pascal para o caso do aquecimento global. O indivíduo agora é representado pela espécie humana. Suponhamos que o desaparecimento da vida na Terra, a ocorrer nos próximos 100 anos, virá em consequência do aquecimento global apenas, valendo este convite para os adeptos do IPCC e para os refratários, segundo os quais o aquecimento existe sem que a mão humana tenha alguma responsabilidade pelo fato. Se o aquecimento é antropogênico (H) e a humanidade acreditar (A) nisso, agindo para reverter o quadro, terá um ganho de milhares de anos de vida no planeta, por exemplo, mais 100.000 anos. Se for falso que o aquecimento tem origem antropogênica (~H), a humanidade terá perda finita, de investimento inútil durante 100 anos. Se a humanidade não acreditar (~A) e o aquecimento é antropogênico, ela terá perda de 100.000 anos, enquanto que terá um ganho de 100 anos, por não investir em algo errado, se a causa do aquecimento não for a ação humana (~H).

	Antropogênico (H)	Não antropogênico (~H)
Acreditar (A)	+100.000 anos	-100 anos
Não acreditar (~A)	-100.000 anos	+100 anos

A tabela acima mostra que, independentemente de ser resultado da ação humana ou não o aquecimento global que as medições vêm registrando, a aposta em não acreditar (~A) é a escolha do lado perdedor.

Mesmo invertendo o valor da probabilidade considerada pelo IPCC, dando 5% para o caso antropogênico e 95% para a não interferência humana, o indivíduo que acredita sai ganhando. Multiplicando 100.000 anos pela probabilidade 0,5 teremos 5.000 anos, enquanto que multiplicando -100 anos pela probabilidade 0,95 teremos -95 anos. A soma, que é a esperança matemática do que acredita, dá 4.905 anos. Para o que não acredita, multiplicamos -100.000 por 0,5 para obter -5.000, e multiplicamos 100 por 0,95 para obter 95 anos. A soma de -5.000 com +95 dá -4.905, que é a esperança matemática do que não acredita.

Se baixarmos o valor absoluto na primeira coluna numérica de 100.000 para 10.000 e refizermos as contas com as mesmas probabilidades do cálculo anterior, mesmo assim os que acreditam ficarão em vantagem, de 405 anos contra -405 anos dos descrentes. Como o valor absoluto na coluna H será sempre superior ou igual ao escrito na coluna ~H, o ganho de quem acredita nunca será menor que o de quem descrê, conforme já verificado por Pascal.

O negacionista pode argumentar que a premissa do desaparecimento da vida em consequência do aquecimento não tem sentido, porque, segundo sua crença, esse aquecimento é resultado de ação da natureza, que saberá, como nas vezes anteriores, inverter a curva de crescimento da temperatura no momento certo. Ora, quando ocorre um terremoto de grandes proporções, envolvendo grandes cidades, muitos rezam, muitos oram, contando que a natureza saberá cuidar de salvar a vida de seus filhos. No entanto, ela não tem esse tipo de compromisso. Mesmo para a divindade, podemos não passar de minúsculas formiguinhas laboriosas que a enxurrada mata e carrega em questão de minutos no início das tempestades. Tal afirmação não pretende ridicularizar a aposta desse negacionista que não aceitou a premissa acima, mas apenas lembrar que o argumento dele é apenas outra aposta, que pode estar sendo demasiadamente otimista.

Por via das dúvidas, muitos centros de pesquisa buscam soluções para a minimização da escalada do aquecimento global.

Na Espanha, por exemplo, o CSIC, Conselho Superior de Investigação Científica, elaborou uma série de recomendações para pessoas e governos na linha da precaução quanto à mudança climática.

1 – *Transporte*. Reduzir o uso do automóvel e viajar mais de transporte coletivo.

2 – *Lar*. Preferir aparelhos com menos gasto de energia e desligar os que não estão em uso.

3 – *Resíduos*. Acostumar-se a separar o lixo, apoiando a reciclagem.

4 – *Materiais*. Reutilizar o que for possível.

5 – *Água*. Diminuir o consumo.

6 – *Irrigação*. Irrigar ao mínimo as plantas de jardim e dar preferência ao sistema de gotejamento.

7 – *Urbanização*. Preferir locais em que há garantia de haver água por longo prazo.

8 – *Natureza*. Minimizar os impactos ambientais.

9 – *Construções*. Construir residências com bons isolantes térmicos.

10 – *Frestas*. Melhorar o isolamento em portas e janelas para que escape menos calor.

11 – *Sol*. Investir em painéis fotovoltaicos fornecendo sobras de energia à rede elétrica.

12 – *Alternativos*. Valorizar as energias alternativas, para que fiquem mais baratas.

13 – *Impostos*. Embutir incentivos fiscais à conservação de recursos.

14 – *Solo*. Minimizar as mudanças no uso do solo.

15 – *Impacto*. Dar maior importância às análises de impacto ambiental.

16 – *Espécies*. Evitar transportá-las para fora de seu habitat natural.

17 – *Invasores*. Não soltar no ambiente animais que possam representar espécies invasoras.

Stephen Hawking about the end of the world

18 – *Química*. Reduzir o uso de compostos químicos como antibióticos, fertilizantes e aerossóis.
19 – *Educação*. Instruir as crianças quanto ao valor dos ecossistemas.
20 – *Governos*. Exigir gestão sustentável no longo prazo dos diversos recursos naturais.

Amazônia. A floresta amazônica vem sendo destruída dia após dia. De 1499, quando Américo Vespúcio descobriu a foz do Rio Amazonas, até 1960, ano da inauguração de Brasília, a devastação vinha sendo de pouca monta, e podemos dizer que se tratava de uma ocupação sustentável. Com a ascensão dos negócios ligados à borracha, para pneus de automóveis, no início do século XX, a cidade de Manaus, capital do Estado do Amazonas, conheceu um período de glória, e uma estrada de ferro chegou a ser construída mais ao sul, no então Território do Guaporé, hoje Estado de Rondônia. Era a Estrada de Ferro Madeira-Mamoré, mas por tantas dificuldades e tantas mortes envolvidas na obra, foi apelidada de "Ferrovia do Diabo". Porém, antes que esse empreendimento, concluído em 1912, gerasse resultados, passou a concorrer no mercado internacional, de modo destrutivo, a borracha produzida no Sudeste Asiático, onde hoje estão Laos, Malásia e Vietnã, gerada por mudas de seringueiras que haviam sido transplantadas anos antes da Amazônia para lá por comerciantes ingleses. Ainda hoje, a borracha é uma das riquezas a gerar divisas para o Vietnã e países vizinhos. Depois dessa fase, no início da década de 1930, Henry Ford tentou ressuscitar o período de fausto do norte do Brasil, financiando a construção de uma cidade artificial, a Fordlândia, às margens do Rio Tapajós, perto de Belém e Santarém, mas o investimento não reverteu a derrocada verificada 20 anos antes e a obra transformou-se em cidade fantasma.

Com a perda da exclusividade no fornecimento de borracha, a Amazônia manteve estagnado o desmatamento, embora muitas famílias do Nordeste continuassem a migrar para a região. Sair das áreas de seca e ir para a Amazônia, de água superabundante, era quase como transferir-se para o paraíso. Como essa migração arrefeceu, no início da década de 1960, a população de Manaus era de menos de 100 mil habitantes.

Aconteceu que o mesmo governo que deu início à construção de Brasília para ser a nova capital do Brasil, chefiado pelo tenente-coronel Juscelino Kubitschek, fez também aprovar a lei 3.173, de 6 de junho de 1957, criando a Zona Franca de Manaus, que veio a ser regulamentada e implementada por decreto-lei em 1967, já no regime militar inaugurado em 1964. Trata-se de uma área industrial em que são dispensadas de impostos as empresas que nela se instalem.

Com esses dois novos impulsionadores de desenvolvimento, a construção de Brasília e a instalação da Zona Franca de Manaus, a aceleração do desmatamento, da ocupação humana e do crescimento populacional teve um aumento estrondoso. No fim do regime militar, em 1985, a população de Manaus era de mais de um milhão de pessoas, tendo sido multiplicada por dez, e hoje, às vésperas do censo de 2020, é de 2,13 milhões. É a população que tinha a cidade de São Paulo, maior cidade da América do Sul, no ano de 1950.

Com a nova crise econômica brasileira iniciada no segundo semestre de 2013, os sucessivos governos vêm comemorando uma redução na aceleração do desmatamento. Não se vislumbra o tempo em que será comemorada a queda no ritmo, porque o esforço político nesse sentido é pequeno ou nulo. Retomando-se o crescimento econômico, volta, quase certamente, o nível anterior de derrubada de árvores e transformação de grandes áreas em pastagens.

Convém observar que não só aqueles dois fatores, Zona Franca e Brasília, fizeram recrudescer o ataque à floresta tropical. O acontecimento mais danoso veio com um dispositivo incorporado à Constituição de 1988. Consolidou-se ali o entendimento de que a propriedade deve ter fim social, o que é justo. O problema é que ficou determinado que terra sem manuseio de cultivo seria considerada "terra improdutiva", e esta poderia ser desapropriada para reforma agrária.

Os proprietários de fazendas que continham grandes glebas de floresta virgem correram para cortar suas árvores, e encher suas terras de capim, alocando uma rês a cada dez quilômetros quadrados. Ninguém poderia dizer agora que aquelas propriedades continham "terra improdutiva".

Antes que essa cultura de capinzal invadisse a Amazônia, ela devassou a Mata Atlântica, já que nessa área a ocupação humana é mais antiga e mais densa. Nos 20 anos seguintes à promulgação da nova Constituição, os Estados litorâneos perderam praticamente todas as suas áreas de florestas que não estivessem tombadas. Como as árvores não têm só o papel de, ao realizar fotossíntese, repurificar o ar que respiramos, mas também o de proteger os mananciais de água potável, alastrou-se no Brasil o fenômeno dos rios secos, algo que antes era característica apenas da Região Nordeste. No Leste, no Sul e no Centro-Oeste o país passou a ver rios permanentes transformarem-se em rios temporários. Leis foram aprovadas exigindo a manutenção das matas ciliares, que são os filetes de arborização ao longo dos cursos d'água, principalmente perto das nascentes. Isso, porém, quase nada resolve, porque a umidade precisa ser mantida no solo em geral, para que haja proteção dos lençóis freáticos.

Outro problema a interferir na saúde da floresta, embora em menor monta, foi uma série de boatos que circularam pela internet desde o fim do século XX, segundo os quais havia um complô de países poderosos tramando retirar do Brasil, assim como do Peru e da Colômbia, a jurisdição sobre a Amazônia, transformando-a em área de proteção internacional. Embalados nessa conversa subterrânea, muitos políticos passaram a pregar a intensificação da ocupação humana na região, para funcionar como uma espécie de barricada.

O único caminho para reverter aquele erro dos constituintes de 1988 e outros impulsos destrutivos será o estabelecimento de incentivos fiscais para proprietários que praticarem o reflorestamento em grande proporção de suas propriedades, mudando-se também a concepção de "terra improdutiva", para incluir o consenso de que terra que sustenta floresta é, sim, produtiva.

Sabe-se hoje que parte da floresta amazônica não é exatamente natural. Séculos antes da chegada dos europeus, indígenas fizeram replantio de árvores em certas áreas. Trata-se de um precedente importante. Agricultores de agora têm chance de reflorestar glebas muito maiores, recompondo a floresta até o nível em que isso seja salutar para nossa sobrevivência. Certamente essa restauração não se dará em cinco ou dez anos, mas em muito mais tempo. Entretanto, se estancarmos a derrubada de matas e iniciarmos a recuperação arbórea das terras agora enganosamente produtivas, estaremos sinalizando ao mundo que nossa parte no trabalho da salvação do planeta está em curso.

Carbono. Um dos resultados do Protocolo de Quioto foi a criação do mercado de Crédito de Carbono. Por ele, há um campo de trocas, que é regulado pelo Mecanismo de Desenvolvimento Limpo (MDL), segundo o qual países com alta emissão de dióxido de carbono comprem direitos, que são os "excedentes" das cotas de países com parque industrial menos desenvolvido e que, portanto, produzem menos poluentes. Esta foi uma maneira encontrada de compensar os países menos industrializados pelo esforço de manter-se emitindo pouca quantidade de gases de efeito estufa.

Com variação de valor semelhante ao que ocorre diariamente com uma bolsa de valores, o mercado de Crédito de Carbono definiu como unidade a tonelada de CO_2 equivalente, tCO_2e, que é o total emitido em gases de efeito estufa multiplicado pelo seu potencial de aquecimento global. Cabe ao Conselho Executivo do MDL atribuir aos ofertantes a

Redução Certificada de Emissão, na qual consta a quantidade de tCO_2e reduzida ou removida do meio ambiente.

Não só entre países são feitas as trocas, mas também entre empresas. As grandes poluentes compram créditos excedentes daquelas que poluem pouco e, portanto, conseguem acumular crédito. Este é o mecanismo chamado de "cap and trade".

Algumas instituições espalhadas pelo mundo são responsáveis por organizar essas transações do mercado de Crédito de Carbono. Nos Estados Unidos as principais são a CCX (Chicago Climate Exchange: Bolsa do Clima de Chicago), a RGGI (Regional Greenhouse Gas Initiative: Iniciativa Regional de Gases de Efeito Estufa) e a WCI (Western Climate Initiative: Iniciativa Climática Ocidental).

Na Europa, o sistema utilizado é o de "cap and trade", que envolve 31 países. Os participantes têm permissão para comprar créditos de carbono de países de fora do continente, mas em quantidade limitada.

No Brasil as transações com crédito de carbono são feitas através de leilões da BM&FBovespa, mediante pedidos feitos por entidades públicas ou privadas.

A criação do mercado de Crédito de Carbono, como se vê, não objetiva reduzir o nível de poluição, mas estabelecer um sistema de trocas que reduza o crescimento da poluição. Sem o mecanismo, todos os países tenderiam a tornar-se, no futuro, grandes emissores de gases de efeito estufa.

Como já foi instituído um sistema para impedir a corrida desenfreada pela poluição, cabe à sociedade buscar o desenvolvimento sustentável e reduzir danos ao meio ambiente onde quer que isso seja possível. Seguir as recomendações do CSIC, vistas acima, constitui-se num caminho que precisamos trilhar, se já não o fazemos.

Petróleo. A Revolução Industrial, como se sabe, foi movida a lenha e a carvão mineral. Em 1830 George Stephenson instalou a primeira ferrovia comercial do mundo, entre Liverpool e Manchester, percorrida por locomotivas a vapor, que na América Latina foram apelidadas de marias-fumaças, por causa de suas caldeiras aquecidas a lenha. Alguns anos antes, Robert Fulton experimentou seu barco a vapor no Rio Sena, em 1803, mas, não encontrando apoio na França, criou em 1807 a primeira linha regular de transporte por esse tipo de veículo, navegando pelo Rio Hudson, entre Albany e Nova Iorque, nos Estados Unidos. Essa máquina, o piróscafo, desenhada primeiramente por Roger Bacon, no século XIII, e montada sem sucesso por alguns inventores nos séculos seguintes, só veio a funcionar regularmente com o investimento de Fulton, e seguia o princípio que depois Stephenson usou nos trens, isto é, a caldeira geradora de vapor, um uso prático para o brinquedo chamado *eolípila*, inventado por Heron de Alexandria na Antiguidade, e que consistia de um recipiente metálico com água, em forma de balão rotatório que, quando aquecido, soltava em sentidos opostos dois fluxos de vapor que o faziam girar em torno de um eixo, como um cata-vento. O barco de Fulton ganhou mundo com o apelido de "vapor". Porém, a lenha, o carvão vegetal e também o carvão mineral não subsistiram como impulsionadores da indústria, pois, no início do século XX, teve início a utilização em larga escala dos derivados do petróleo, que se tornou a base energética do progresso desde então.

Produzindo menos fumaça, mas poluição atmosférica de muito maior monta, o uso do petróleo serviu para nos acordar quando à capacidade humana de destruição da natureza.

O produto não era novidade. Em torno do ano 2000 a.C., usava-se na Babilônia um tipo de betume para pavimentar ruas e no Império Persa os ricos utilizavam petróleo em suas lâmpadas, em lugar de azeite de oliva.

No século VII, os japoneses referiam-se ao petróleo com uma expressão equivalente a água ardente, indicando que o usavam na iluminação, como faziam também os chineses. Já no século XII, pesquisadores persas e árabes, inclusive na Península Ibérica, obtinham um tipo de querosene a partir do óleo cru, para fins de iluminação. Quando os espanhóis chegaram à Venezuela, no fim do século XV, viram que os indígenas usavam petróleo para fins medicinais e também asfaltavam suas vias com betume.

Em 1850, o químico escocês James Young patenteou um método de extração de petróleo que resultava em óleo fino, apropriado para uso como azeite de lâmpadas, que se transformava numa espécie de parafina sólida, e um outro tipo de óleo mais grosso, usado como lubrificante de maquinarias. Ainda em 1850, o geólogo canadense Abraham Pineo Gerner criou um método de refino de petróleo que lhe permitiu obter um combustível fino a que chamou de querosene. Em 1854 ele instalou em Long Island, Estados Unidos, a North American Kerosene Gas Light Company, que cuidava da iluminação de vias públicas. A indústria petrolífera começou a se alastrar. Antes desse tempo, crescia a prática de usar óleo de baleia na iluminação. Assim, nem tudo é erro na nova era, pois teria ocorrido, certamente, sem o carvão e o petróleo, a extinção das baleias nos oceanos.

Mas foi o uso de gasolina e diesel nos motores de automóveis, no início do século XX, que levou o mundo a abraçar de uma vez a "era do petróleo". Também no transporte marítimo logo foi constatado que o uso do petróleo, em lugar do carvão, permitia desenvolver maiores velocidades.

Em 1909, após a descoberta de imensas reservas de óleo no que hoje é o Irã, foi criada a Anglo-Persian Oil Company, que em 1954 transformou-se na British Petroleum Company.

Em 1927 foi descoberto em Kirkuk, no Iraque, o que então era o maior poço petrolífero do mundo.

Na Arábia Saudita a exploração de petróleo iniciou-se pela descoberta do poço número 7 de Dammam, em 1938. Com várias descobertas sucessivas de novos campos, o país passou a ser visto como a maior fonte mundial do produto, culminando com a descoberta em 1948 do Campo de Ghawar, o maior do mundo atual.

Em 1960 realizou-se o Primeiro Congresso Árabe do Petróleo, com vistas a criar um mecanismo de controle de preços, dadas as sucessivas reduções de preços decididas por alguns países de forma isolada. Pelo acordo acertado naquele Congresso, nenhum país, a partir daquele momento, tomaria decisão de baixar seus preços sem consultar os demais. No mês de setembro, uma conferência tendo como participantes Iraque, Irã, Kuwait, Arábia Saudita e Venezuela deu início à OPEP, Organização dos Países Exportadores de Petróleo.

Não se falou muito nessa entidade até que em 1973, com a tomada de consciência de que o petróleo tem reservas limitadas e em poucos anos estará esgotado, veio a "crise do petróleo", quando a OPEP decidiu elevar os preços, de modo a garantir faturamento que desse um futuro confortável a seus membros. Essa pressão durou até 1979, quando, percebendo que energias alternativas passaram a ser desenvolvidas e utilizadas, como foi o caso do etanol do Brasil, a OPEP aceitou reduzir um pouco o valor do barril de óleo. Desde então, os preços têm oscilado, com tendência de queda no século XXI, à medida que o mundo se aproxima do tempo do esgotamento das reservas e, aceleradamente, implementa o uso de outras modalidades de energia, como o biocombustível, a célula de hidrogênio, a energia solar e a rede elétrica.

De qualquer modo, desde 1973 grande parte da riqueza do mundo tem sido transferida para os proprietários de poços de petróleo do Oriente Médio, sem que, na maioria dos casos, as populações da região tornem-se beneficiárias diretas dessa nova realidade, uma vez que vivem em regimes pouco democráticos ou mesmo antidemocráticos. É fato que algumas cidades, desde o fim do século XX, experimentaram um surto de desenvolvimento, mas elas são como pequenos oásis num grande deserto.

Stephen Hawking about the end of the world

O fim da "era do petróleo" não apenas trará fôlego à saúde do meio ambiente como também devolverá à América, à Europa e ao Extremo Oriente a capacidade de suprir suas necessidades de energia sem depender dos magnatas árabes e iranianos.

Cap. 3 – Educação e atitude

Ciência. Os professores do ensino básico sabem que as crianças absorvem com muito mais facilidade que os adultos os princípios do desenvolvimento sustentável e do cuidado em geral com o meio ambiente. Obviamente, a facilidade de aprendizado de fatos simples na tenra idade é sempre maior que na idade avançada, mas, no caso do ambientalismo, isso traz perspectivas muito alvissareiras para o mundo. Diante disso, o que é necessário é não baixar a guarda.

As crianças não descobrirão sozinhas que o mundo passa por grande perigo diante das pressões a que os adultos o submetem. Elas olham o horizonte, as nuvens e as estrelas sem poder imaginar que as ações de seres tão minúsculos como somos nós humanos têm poder destrutivo suficiente para interferir no curso da vida das plantas e dos animais enquanto espécies. Elas sabem que um homem pode destruir a vida do próximo, mas não sabem, por mera observação, que o próximo em relação a um sul-americano pode ser um habitante da Rússia, da Índia ou de Israel. O Efeito Borboleta não faz sentido para alguém que ainda não tenha sido instruído sobre a questão, e não se pode transmitir esse tipo de ideia a quem não tenha tido um mínimo de noção de Física. (Segundo o Efeito Borboleta, quando um desses belos insetos bate as asas em Chicago, Estados Unidos, pode estar provocando nos minutos seguintes uma tempestade torrencial em Sidney, Austrália. Isso não tem relação com a noção das "histórias paralelas", ideia explorada nos dois filmes de ficção lançados com o título "Efeito Borboleta".)

Não se pense que a Física é um emaranhado de fórmulas algébricas. Os conceitos mais sofisticados dessa ciência podem e devem ser ensinados no ciclo primário da escola, formado pelos dois primeiros triênios básicos, das crianças dos seis aos 11 anos, abstraindo-se desses conceitos o arsenal matemático que começa a ser incorporado no oitavo ano, já dentro do liceu júnior, o terceiro triênio da escola regular. O leitor deve lembrar-se das fórmulas de conversão de temperatura, mesmo que não consiga reproduzi-las neste momento.

Assim como introduzimos noções básicas de Biologia com o "plantio" de sementes em algodão encharcado, sem necessidade de nenhuma conta, a não ser talvez a medida do tempo transcorrido entre as fases da germinação, da mesma forma podemos ensinar tópicos da Física e da Química. A Aritmética, aprofundada e legítima, apresenta-se nos problemas de

Stephen Hawking about the end of the world

Geometria, em comprimentos, áreas e volumes, sem nenhum susto, e sem dores de cabeça. Mas na Física, valem os conceitos. As contas e as equações entram no oitavo ano, no nono ano e nas séries do Ensino Médio, e, nessa altura, se elas faltarem, se o professor insiste em apresentar apenas conceitos, sem quantificação, está-se diante de um enganador, um instrutor desonesto. Pois a fase dos conceitos puramente qualitativos ficou lá atrás.

Não se deve interpretar essa fase inicial de introdução de ciência sem cálculos como sendo de pouca sofisticação. E tampouco devemos entender essa sofisticação como algo difícil, pois não é. A ciência natural é muito mais acessível à criança e ao adolescente que os conhecimentos humanísticos representados na Arte, na Filosofia e na Literatura, os quais são também introduzidos, na hora certa.

Com os experimentos de germinação nas ciências biológicas e muitos outros que se podem fazer em ciências físicas, como os que envolvem alavanca, empuxo, vasos comunicantes, pressão do ar e assim por diante, logo cedo a criança passa a ter domínio da noção de causa e efeito. Esse entendimento é essencial para que a pessoa aceite, por exemplo, o relato de que três homens pousaram na superfície da Lua em 1969. Para compreender a fundo esse feito o jovem deve ter aprendido sobre velocidade, aceleração, vetores, resistência do ar, órbitas planetárias e gravitação, o que só ocorrerá no Ensino Médio, mas já no curso primário ele pode absorver a informação se vivenciou o funcionamento da ciência, em escola que cumpra seu papel de modo adequado.

Uma escola, ou sistema de ensino, que seja minimamente responsável não sonega a suas crianças o ensino da ciência nos moldes relacionados acima, aproveitando-se da idade em que o cérebro humano é a "esponja", que absorve facilmente o conhecimento apresentado, segundo Maria Montessori. Com o passar dos anos essa esponja fica cada vez mais intumescida, sem tanta abertura por onde novas informações possam entrar, conforme estudos da Psicologia recente, segundo os quais aproximadamente metade da informação, ou formação, na vida de uma pessoa chega a ela até os sete anos de idade, com uma outra quarta parte sendo absorvida até os 14 anos.

Todas essas tomadas de consciência apontam para o imperativo categórico de fornecer à criançada um sistema de ensino sem espaço para amadorismos ou romantismos que venham a comprometer o desenvolvimento dos conteúdos que justificam a existência da instituição escola, esse instrumento criado por Pitágoras para preparar em Matemática e Filosofia os jovens recém-saídos da Paideia, o jardim de infância de alfabetização da Antiguidade, sem que eles tivessem de esperar a idade adulta para ingressar no exército ou, para alguns felizardos entre eles, nos cursos profissionalizantes da época, como por exemplo, os de cobradores de impostos.

Se a maioria dos sistemas de ensino do mundo funcionar adequadamente, fornecendo ensino razoável a suas crianças, então a maioria dos jovens estará preparada para cerrar fileiras em favor de um planeta que cultive o desenvolvimento sustentável.

Humanidades. Espalhou-se pelo mundo a ilusão de que absorver os conteúdos humanísticos na escola básica é mais fácil que aprender contas e ciências naturais. O motivo disso é a forma de avaliação das humanidades, que, salvo exceções, é mais condescendente que aquela aplicada na área científica.

Muitos jovens do segundo ano do Ensino Médio são capazes de desenvolver programas complicados de computador, principalmente no campo dos jogos. Encontrar um jovem da mesma idade e formação que com suas próprias palavras discorra sobre uma fase da História, por exemplo, a primeira fase da Revolução Francesa, isso é praticamente um milagre. Certamente, seguir um "PowerPoint" e comentar os "slides" que vão passando é tarefa que qualquer adolescente pode cumprir, e não é disso que se trata.

Por mais que muitos continuem na ilusão, a assimilação das matérias humanísticas nos tempos das primeiras letras é muito mais custoso que o aprendizado científico. O governo japonês, que, em 1869, decidiu universalizar o ensino primário, o que foi feito com sucesso, tomou a decisão correta de enfatizar a ciência, e, por sugestão de um grupo abnegado de intelectuais, os "boujins" (espectadores), segundo relata Peter Drucker, valorizar a leitura, de modo sistemático. Aqueles intelectuais, oferecendo apoio ao imperador em sua medida educacional, solicitaram dele apoio para viajar por todas as aldeias do país em trabalho de conscientização de diretores e professores quanto à importância de formar nas crianças o hábito da leitura. O êxito foi praticamente total, pois Mutsuhito, o imperador que também foi um grande poeta, garantiu as condições estruturais para aquela missão cultural.

Para resolver problemas de Aritmética ou Geometria e para responder questões de ciências naturais é necessário saber ler. Para responder questões de humanidades, é necessário saber ler tão bem ou melhor que para aqueles outros assuntos. O hábito da leitura é, portanto, um alicerce para que a escolarização funcione a contento. Lecionar qualquer matéria no Ensino

Médio para alunos que têm preguiça de ler, simplesmente por não terem adquirido o hábito da leitura nos graus precedentes, é algo muito desgastante. Ao contrário disso, lecionar para alunos leitores é um presente dos céus que os professores recebem.

Se os alunos se transformaram em bons leitores, então eles, aí sim, terão maior aptidão para aprender tópicos de Geografia, História, Gramática, Música e, ao chegar ao Ensino Médio, também Filosofia, Política e Microeconomia.

Junto ao desenvolvimento mental também o desenvolvimento físico deve ser objeto indispensável na escola, o que se faz através da Ginástica, incluindo as atividades esportivas, mas esse campo está ligado à ciência, como uma área biológica, não às humanidades.

O aluno leitor não queimará etapas, de modo que não se deve esperar que ele compreenda passagens da história humana com a profundidade que um adulto culto consegue. Mas ele assimilará fatos com facilidade, o que lhe permitirá, na medida de seu amadurecimento cronológico e intelectual, conectar conceitos e tornar-se senhor de conhecimentos substanciosos.

Se a criança decora que o ano da chegada de Cristóvão Colombo ao Novo Mundo foi 1492, e isto se consolida na cabeça dela, tolo é o professor que despreza essa conquista, munido da mística destrutiva da segunda metade do século XX que pregava a condenação à memorização. Ora, quem não memorizou fatos essenciais enquanto estudava, construiu seu aprendizado como um arquiteto que monta sua casa na areia em área de frequentes vendavais. Essa perseguição à memorização veio de uma confusão que os professores fizeram sobre uma formulação de Maria Montessori. Ela de fato desmontou o padrão de ensino que vigorou desde pelo menos a Idade Média até o século XIX, baseado na prática do "decorar por decorar". A heurística, a aquisição do resultado por dedução, era completamente desprezada. Mas o que ela não queria era apenas esse ensino que só aceita aquilo que é decorado, acriticamente. Nunca desprezou a memorização, que é essencial para a construção do conhecimento. E esse tipo de cogitação nem caberia na cabeça de uma médica, como era ela.

Até os primeiros anos do século XX, se a criança não decorasse a tabuada, apanhava, seja do professor, seja de colegas mais rápidos. Era a "educação pelo medo". Esse tipo de prática foi abandonado em quase todo o mundo. Uma pequena proporção de crianças não precisa decorar a tabuada para sabê-la, podendo chegar aos resultados por pura dedução. Outra grande parte, a maioria, só retém se decorar. Ora, isso deve ser feito ao longo dos anos, pela prática. Se a criança faz contas na escola todos os dias desde os seis anos de idade, em três ou quatro anos toda a tabuada deverá estar em sua cabeça, mesmo sendo ela muito lenta para aprender. Assim, com repetição sobre repetição em exercícios diários, fica fácil assimilar os conteúdos.

Como assimilar então fatos das humanidades, que não têm uma base de repetição diária? A resposta é que eles devem ser repassados sempre que possível. Se o professor faz perguntas sobre Geografia Física na classe, essas perguntas se repetem, e as respostas certas também. Se a questão é saber, por exemplo, qual é a capital da China, o primeiro aluno pode errar, mas o segundo pode acertar. Com o professor enfatizando a resposta certa, logo a turma assimilará o resultado. Dias depois, volta-se ao mesmo tema. E assim vai sendo consolidado o aprendizado. Quando a grande maioria tiver firme na memória essa resposta, o assunto pode ser deixado de lado, e os muitíssimo lentos aprenderão lá na frente, se isso lhes for necessário. Como o aluno não precisa acertar 100% das questões para ser considerado apto, tampouco o professor deve esperar até que 100% da turma aprenda algum tópico para então seguir adiante.

Desde a década de 1980 o Ensino Médio tem incorporado um capítulo sobre Ecologia no programa curricular de Biologia. Também no nível elementar, já no primeiro triênio, noções básicas desse tema devem ser introduzidas. Independente de crença ou não no aquecimento global, hoje não há indivíduo razoavelmente bem informado que negue a importância do conhecimento sobre as questões da sustentabilidade. Só os insensatos gostam de viver cercados de rios poluídos, respirando ar contaminado e pisando sobre sujeira nas ruas.

Com métodos mais humanizados, e ao mesmo tempo eficientes, a escola pode desempenhar sua função de ensinar, levando o aprendizado básico a todas as crianças. E então elas estarão aptas a cuidar da natureza, a tratar com sabedoria sua casa comum, que é seu meio ambiente.

Atitude. Depois de alertadas sobre a fragilidade da vida na Terra, dados os riscos frente à natureza em si e frente às ações temerárias da espécie humana, as crianças passam a buscar meios de contribuir para a segurança do planeta, i. e., para a implementação do desenvolvimento sustentável, em todos os níveis. Como poluir menos ou evitar a poluição? Como ajudar familiares e colegas a tratar a questão da reciclagem dos resíduos sólidos da maneira mais ecológica possível? Como evitar o descarte do óleo de cozinha usado no meio ambiente? Como convencer os pais a adquirir automóveis que usem energia limpa? Como economizar água? Como evitar que os rios sejam deteriorados com o despejo de esgoto neles?

Stephen Hawking about the end of the world

Como evitar o avanço do aquecimento global? Todas estas e outras são perguntas que as crianças passam a fazer a si, aos colegas e aos adultos, depois que se conscientizam do problema ambiental.

Na questão da reciclagem, é bem conhecida a disposição das crianças em separar lixo seco do lixo orgânico e até exigir dos adultos atitude sustentável frente ao problema.

As escolas cometem erro grave, pois, quando misturam o lixo orgânico da cantina com resíduos recicláveis como papel e plástico, na frente das crianças. Elas devem olhar essas coisas e pensar: "Como os adultos são tontos!"

Para que não seja revertida essa visão positiva das crianças, nós adultos devemos corresponder às expectativas delas, respeitando as regras de reciclagem e agindo em conformidade com esses ditames.

O poder público municipal deve exercer vigilância severa na questão da separação dos resíduos sólidos. Encaminhado para aterros sanitários deve ser apenas o lixo orgânico completamente livre de partes de vidro, plástico ou metal, ou materiais químicos danosos ao ambiente, e ele já deve chegar triturado ao destino, de modo a integrar-se ao solo. Os cidadãos que entregarem ao serviço de coleta o lixo orgânico sem as separações de recicláveis devem ser devidamente multados.

Nas escolas, os alunos devem ser envolvidos na coleta reciclável e, sempre que possível, gestores e docentes devem fazê-los perceber que isso é fonte de renda. Na França há as "cooperativas escolares", que se valem da reciclagem como um dos meios de auferir rendimentos, com a ajuda dos alunos. Outros países podem instituir sistemas equivalentes. O papel, que ainda hoje é o que gera mais volume de resíduo sólido, tem preço baixo enquanto material reciclável, mas latinhas de alumínio, plástico e outros produtos são de maior valor. De qualquer modo, o valor monetário não importa muito, quando o que conta mais é a atitude de contribuir para a saúde do meio ambiente.

Desde cedo, o costume infantil de amassar o papel como uma bolinha, para então atirá-lo no cesto de lixo, deve ser reorientado. O papel usado, que vai para o lixo, deve ser mantido esticado, sem dobras, para que sejam facilitados seu armazenamento e sua separação. Se esse aprendizado se instala, o tratamento de outros tipos de resíduos sólidos será também mais bem organizado.

Cap. 4 - Riscos

Asteroides. O risco de maior monta em termos de perigo, mas de valor muito baixo em probabilidade, é o de ser atingido por um grande astro desgovernado, uma rocha do tamanho da Lua, por exemplo.

Os astrônomos sabem, por observação do espaço, que até o ano de 2170, por mais um século e meio pelo menos, a chance de um bólido descomunal se chocar com a Terra é praticamente nula. Para os séculos seguintes não se tem previsão, mas é certo que um dia virá um grande astro para nos causar um estrago talvez definitivo. Assim, uma das missões dos cientistas no futuro será desenhar um sistema de antimísseis não para interceptar projéteis de exércitos inimigos, mas para estilhaçar meteoros gigantes antes que eles nos destruam.

Crateras da Lua, crateras de Marte e golfos nos oceanos da Terra são, em muitos casos, resultado de choques de grandes asteroides. Em tempos ainda mais remotos, as próprias luas nos vários planetas em que elas orbitam surgiram a partir desses choques. No Sistema Solar, o intervalo entre uma colisão dessas e a seguinte pode ser de milênios, em média, mas nada impede que dentro de dois séculos não será a vez de nosso planeta ser atingido mais uma vez. Por isso temos de investir na prevenção, se estivermos aqui.

Supernovas. Uma estrela brilha pelo uso que ela faz de sua energia nuclear. Muitas delas atingem um estágio em que são transformadas em supernovas, mediante violenta explosão, que libera raios gama, beta e X em quantidades colossais num raio igualmente grande.

Se tivéssemos próximas ao Sistema Solar estrelas suficientemente grandes a ponto de converter-se em supernovas, este seria um dos maiores riscos de extinção da vida na Terra, por comprometer nossa atmosfera.

Esse fenômeno, porém, tem ocorrido a muitos anos-luz de distância de nosso planeta e a chance de uma supernova provocar danos à Terra é muito minúscula, quase zero. Nossa estrela, o Sol, tem tamanho pequeno para explodir como supernova, e prevê-se para ele mais alguns milhões de anos de existência ativa.

Supervulcões. Um supervulcão é um vulcão que não apenas expele lavas para atingir um raio de uns poucos quilômetros, mas, como foi o caso do Krakatoa, na Indonésia, em 1883, provoca destruição de ilhas inteiras e até de países. Após a erupção, tsunâmis podem causar danos na costa oposta do oceano, mesmo a dezenas de milhares de quilômetros de distância. O aspecto de sua fumaça é o de uma bomba atômica.

Terremotos, maremotos e vulcões são exaustivamente estudados, mas até hoje a ciência não alcançou meios de mapear suas atividades futuras.

Se, por algum infortúnio, supervulcões entrarem em erupção em vários pontos do globo terrestre ao mesmo tempo, a vida no planeta correrá sério risco de desaparecer. Esta, porém, parece ser uma possibilidade remota.

Bactérias. A esterilização de instrumentos médicos antes das cirurgias, conforme recomendaram Louis Pasteur e Joseph Lister, evitou grandes mortandades desde meados do século XIX. A humanidade antes disso, porém, esteve na mão dos germes, como aconteceu com as epidemias de peste negra, que devastavam a Europa, desde que foi involuntariamente espalhada no continente pelas tropas de Gêngis Khan.

Na atualidade, a chance de surgir uma bactéria, ou um vírus, que extermine a vida humana é quase nula, mas ela existe. Quando surgiu o vírus da Aids, a surpresa que veio junto é que era um micróbio com um duplo revestimento, o que dificultou durante quase duas décadas o desenvolvimento de medicamentos que o combatessem. E o pior é que ele atacava o sistema imunológico das pessoas, i. e., atingia exatamente a proteção que o corpo tem contra investidas de vírus e bactérias indesejáveis.

Assim, não há como garantir que não surja outro tipo de microorganismo danoso derrubando todas as barreiras que já construímos contra esses seres inferiores. Até hoje, o que se sabe é que em qualquer epidemia há pessoas resistentes, que não se deixam contaminar, o que ocorreu também frente ao vírus da Aids.

Por pequeno que seja, o risco de sermos exterminados por microorganismos existe.

Dejetos. As quatro ameaças relacionadas acima fogem a nossa capacidade de manipulação, até o momento, embora a última, a dos microorganismos, esteja, de alguma forma, sob nosso controle, dado o conhecimento que já acumulamos sobre o assunto, o que inclui nosso papel no combate a esses seres através dos antibióticos, desde a primeira metade do século XX. Mas a ameaça representada pelos dejetos que lançamos no ambiente é fruto de nossas decisões. O resíduo plástico, atirado nos lixões, nas matas e nas águas dos rios e dos oceanos não se dissolverá nos próximos séculos e já vem causando danos à vida de outros seres vivos. Ácidos e outros produtos descartados e lançados nos rios e no solo por fábricas também podem trazer grandes problemas no longo prazo, incluindo-se nisso os pesticidas. O clorofluorcarbono (CFC) usado nos frigoríficos e nos aerossóis pode deteriorar a camada de ozônio que protege a atmosfera contra radiação nociva. Felizmente, a consciência e as ações positivas tenham já provocado uma reversão no uso desse produto. Mas o que dizer do lixo nuclear, gerado pelas usinas atômicas, que estarão armazenados perigosamente por milhares de anos? Entre as formas de energia limpa, certamente não figura essa resultante das usinas de fissão, em seu estágio atual. É urgente evoluir para usinas mais seguras.

Desmatamento. É gravíssimo o efeito do desmatamento sobre a vida das espécies. Com a acelerada derrubada de florestas ocorrida no Brasil entre a década de 1990 e a de 2010, os agricultores passaram a lamentar a falta de abelhas, que trabalham na polinização de certas lavouras. Abelhas, de fato, vão desaparecendo à medida que humanos derrubam suas moradas naturais, que são as árvores. Mas muitas outras espécies silvestres, de animais maiores, desapareceram, algumas antes mesmo de serem catalogadas. Nos últimos tempos, onças têm invadido áreas urbanas, por, talvez, verem mais árvores nos quintais das casas que em suas antigas florestas. Sem florestas, como já foi dito acima, os mananciais de água potável não se sustentam, o que vem aumentando os períodos de seca. E as emissões de dióxido de carbono não serão mais absorvidas, ao não encontrar árvores.

Guerra. A ONU foi criada em 1945, após a derrota do nazismo, como uma entidade destinada a promover a paz e evitar uma terceira guerra mundial. No entanto, sabemos que ela funciona na base da negociação, sem autoridade para impedir a eclosão desse conflito se vier um motivo suficientemente forte para sua ocorrência. O risco de uma guerra mundial ainda existe e ela pode ser fatal para a existência da humanidade e das outras espécies, já que dificilmente estaria excluído do processo o uso de armas nucleares e de armas químicas. Países sob ditaduras, teocracias ou regimes absolutistas continuam a produzir conflitos regionais e são o foco que pode atrair as grandes potências para o acontecimento funesto da guerra global. A Europa ocidental e as Américas parecem estar já livres do fenômeno, mas a ONU não tem força para varrer da face da Terra essas formas atrasadas e doentias de governo que ainda são sustentadas na Ásia, no Oriente Médio e na África.

Stephen Hawking about the end of the world

Aquecimento. Como já tratado acima, o aquecimento global, com quase 100% de certeza, vem ocorrendo pela mão humana. Não temos hoje um prognóstico do que pode vir a acontecer com a Terra logo após o desaparecimento de todo o gelo das calotas polares. Que farão os animais que vivem no gelo? Que acontecerá a eles? Se os oceanos não têm muito para aumentar em volume, as ondas de calor provocam movimentos dos mares de um modo que não se conhecia antes. Grandes ressacas estão destruindo edificações litorâneas de uma maneira que nunca se viu. Os furacões têm aumentado sua frequência e sua potência destrutiva. A amplitude das temperaturas tem crescido, com frios muito mais intensos e ondas de calor que têm matado pessoas e animais. Quem tem poder político ou econômico tem grande responsabilidade no equacionamento da questão, mas também o simples consumidor, nós, que demandamos e compramos os produtos que a indústria se esforça por nos oferecer, temos um papel muito importante na reversão desses fatos, se é que há ainda a possibilidade.

Superpopulação. A diversidade de seres vivos obedece a leis naturais que determinam o que se chama de equilíbrio ecológico, com umas espécies fazendo parte da cadeia alimentar de outras. A ausência de predadores em número suficiente pode acarretar problemas sérios à natureza, e isso pode vir por desastres naturais ou por interferência humana. Conta-se que em certa altura da Idade Média os gatos passaram a ser eliminados na Europa, porque circulou o mito de que eram endemoninhados e traziam azar. O resultado dentro de alguns anos foi que a população de ratos se alastrou nas cidades de modo inusitado, levando a surtos de leptospirose e de outras enfermidades. Períodos muito prolongados de seca, em situação fora do padrão, podem causar o desaparecimento de certas espécies e mudar os hábitos alimentares de outras.

Na espécie humana, o desenvolvimento da inteligência e da consciência dotou os indivíduos de recursos para escapar à seleção natural, substituindo-a pela seleção artificial. Nossos predadores, que contavam, de um lado, com os grandes animais carnívoros, e, de outro, com os animais minúsculos, os micro-organismos, foram sendo dominados através da invenção de armas e de técnicas de domesticação, para os graúdos, e, no caso dos micróbios, de pomadas, fermentações, vacinas e, finalmente, antibióticos, numa era iniciada com a publicação do médico escocês Alexander Fleming, em 1929, sobre a descoberta da penicilina.

Dominando os predadores superiores e inferiores, a espécie humana descobriu que era senhora do mundo. Mesmo antes das armas de fogo e das grandes descobertas farmacológicas dos tempos modernos, outros mecanismos mais simples já permitiam à humanidade proteger-se, de um modo que outras espécies animais jamais conseguiram. O início do uso de vestimentas, seguido da criação da religião, que fortalecia os laços tribais, e, mais tarde, da cidade, do governo, da educação, da legislação e da ciência, tudo isso deu à humanidade um grande poder sobre a natureza. Assim, a espécie humana pôde crescer talvez desmesuradamente. Os países mais populosos, como China e Índia, pagam o preço de ter inventado as cidades antes dos outros. Quanto mais antigas as cidades do país, maior sua população, não havendo aí nenhuma relação com a presença de "bons governos", como irresponsavelmente escreveram alguns filósofos românticos.

As guerras frequentes, que eram um mecanismo trágico de contenção do crescimento populacional, têm sido afastadas para áreas menos civilizadas da Terra e podem ser extintas em poucas décadas.

Na década de 1960 foi desenvolvida a pílula anticoncepcional, que parecia trazer a solução para o problema da superpopulação, mas ela ajudou os países de populações cultas, que de alguma forma já exercia controle da natalidade por métodos naturais, deixando países pobres e pouco instruídos quase na mesma condição de antes.

Há também, para contrabalançar o benefício que a pílula trouxe, o aumento da longevidade, algo sempre desejável caso a oferta de recursos naturais fosse absolutamente elástica ou o alto número de demandantes não ameaçasse o equilíbrio. Em 1789, a média de vida na França, país mais avançado do mundo naquele tempo, antes de a Inglaterra aperfeiçoar os inventos franceses e criar a Revolução Industrial, era de 29 anos. Em 1900, a média de vida no mundo era de 31 anos, passando para 72 anos no início de 2018. Como a longevidade mais que dobrou em pouco mais de um século, cada indivíduo ocupa o lugar que era ocupado por dois, sendo este um dos fatores consideráveis no aumento da população mundial.

Do ano 1 d.C. ao ano 1.000, i. e., no primeiro milênio de nossa era, a população mundial estimada cresceu de 200 milhões para 300 milhões, significando isso um incremento de 50%. No segundo milênio, de 1.000 a 2.000, a população pulou para mais de 6.000 milhões (seis bilhões), num aumento de 1.900%.

Desde o surgimento do Homo sapiens, no Marrocos, há 250 mil anos, só no ano 1825, aproximadamente, a população mundial atingiu seu primeiro bilhão de membros. Os que acham que o crescimento populacional não é nenhum problema devem meditar sobre o fato de outro bilhão de pessoas foi acrescentado ao mundo apenas nos 11 primeiros anos do século XXI. Mais um novo bilhão se adiciona no ano de 2018, perfazendo um total de 8.000.000.000 de semelhantes nossos.

Sempre que vemos uma espécie disseminar-se de forma descomunal, vencendo predadores, entendemos que estamos diante de uma praga. Se houvesse na Terra uma espécie animal superior a nós em inteligência e consciência, perceberia claramente que somos hoje a grande praga do planeta. Entre nós, diferentemente, há parcela que vê a superpopulação como um enorme perigo para a vida na Terra e há outra grande parte ridicularizando esse tipo de visão, pregando a quatro ventos que a população humana pode crescer sem limites, sem causar grandes problemas.

Entrevistas. Em entrevistas dadas a jornais e revistas, Hawking elencou, em diferentes ocasiões, cinco riscos para a vida. O primeiro foi o de Micro-organismos, na forma de bactérias ou vírus que podem ser criados em laboratório e, por desastre, sair do controle. O segundo, quase certamente o menos provável, é o de Alienígenas. Alguma espécie inteligente de outro planeta pode ter seus recursos esgotados e sair pelo universo procurando novos meios de subsistência, alcançando, finalmente, a Terra. Sua chegada poderá ser, para nós humanos, muitíssimo mais desastrosa do que foi a chegada de Colombo para os povos das Américas. O terceiro risco está muito acima de desprezível e trata da Inteligência Artificial. Assim como no caso dos micro-organismos de laboratório, o desenvolvimento da tecnologia de computação pode atingir um ponto que nos deixe inferiorizados e dependentes em relação às máquinas, que, ao contrário de Hall, o computador de "2001 – Odisseia no Espaço" (Arthur C. Clarke, filmado por Stanley Kubrick em 1968), não possam ser desligadas por nós. Embora uma das leituras do Teorema da Incompletude, de Kurt Gödel, seja a de que a inteligência das máquinas não superará a inteligência humana, não há segurança absoluta quanto a isso. O quarto grande risco é o da Guerra Nuclear. Este talvez seja o mais amedrontador e, ao mesmo tempo, o que demanda mais atenção por parte de governantes e cientistas. Desde a queda do Muro de Berlim, em novembro de 1989, e o consequente fim da Guerra Fria, o mundo deveria ter investido pesadamente em políticas de desarmamento, mas isto, ainda hoje, é um projeto em andamento. Finalmente, o quinto risco é o do Aquecimento Global.

Para indicar o estado do risco de destruição do mundo por conflitos atômicos e por aquecimento antropogênico, Hawking e outros cientistas reajustaram em Londres, em 2007, o Relógio do Apocalipse (*Doomsday Clock*) para o horário de 5 minutos para meia-noite, significando essa meia-noite a destruição total da vida. Nessa avaliação de horário incorpora-se o risco embutido no uso de combustíveis fósseis em veículos, a indústria, o desmatamento e a pecuária intensiva. Desde janeiro de 2017, o ponteiro está indicando 2 minutos para a meia-noite. O Relógio foi estabelecido em 1947, dois anos depois da explosão das duas bombas atômicas sobre o Japão.

Stephen Hawking about the end of the world

Cap. 5 – Krypton e a imaginação

Superpoderes. Em 1932, Irene Joliot-Curie e seu esposo Frédéric Joliot identificaram o nêutron, dentro da estrutura do átomo, demonstrando a possibilidade de alteração artificial do núcleo. Nesse mesmo ano, Wolfgang Pauli e Enrico Fermi, entre outros, estudavam e publicavam trabalhos que aprofundariam essa ideia.

Desses conhecimentos que circulavam na imprensa, veio a inspiração em 1933 para a saga do Superman. Um cientista de um planeta longínquo, chamado Krypton, constatou em seus cálculos que o astro onde residia sofreria violenta explosão, nada restando dele a não ser estilhaços vagando pelo espaço. Esse cientista, Jor-El, era pai de uma criança, um filho único, chamado Kal-El. Não havendo condições de embarcar adultos em viagem espacial, construiu uma pequena nave, na qual, às vésperas da grande catástrofe, ele e a esposa enviariam seu menino pelos céus de Krypton. Se tivesse muita sorte, o garoto aportaria na Terra, um planeta muito parecido com aquele, embora com uma força de gravidade muito menor.

Descendo na Terra, e caindo no quintal de um casal de fazendeiros sem filhos, o menino é criado com o nome de Clark Kent. À medida que cresce vai descobrindo que possui qualidades especiais frente aos semelhantes terráqueos, como força anormal, corpo com consistência de aço, visão de raio-X e, pela diferença de gravidade entre seu planeta e o nosso, o poder de voar. Migrando para a cidade grande ele dedica-se ao jornalismo, trabalhando no Planeta Diário, e decide criar uma personalidade alternativa, o Superman, para ajudar as autoridades a fazer justiça. Nem mesmo Lois Lane, sua colega de redação e quase-namorada, que costuma ser destacada para cobrir as façanhas do Superman, consegue perceber que ele e o tímido Clark Kent são a mesma pessoa. Lex Luthor, um invejoso colega de escola de Clark, descobriu mais à frente que certos meteoritos misteriosos, caídos na Terra em consequência da explosão de Krypton, tinham, na modalidade verde, o poder de anular as vantagens do Superman frente aos humanos. Mais grave ainda, a modalidade vermelha da kryptonita podia matar aquele extraterrestre.

Obviamente, Jerry Siegel e Joseph Shuster, os autores da saga, criada como história em quadrinhos, sabiam que não podiam inventar um Aquiles sem o problema da vulnerabilidade do calcanhar. Mas, ao longo de anos e décadas, Superman sempre soube escapar dos ataques com kryptonita.

Histórias. Poucos cientistas negam a influência que sofreram, em sua adolescência, das leituras de ficção científica, em livros, como de Mary Shelley, Jules Verne e H. G. Wells, do fim do século XIX ao início do século XX, e em quadrinhos e filmes do meio do século XX em diante. No século XXI o gênero refluiu, porque a impressão que a juventude tem é de que a realidade superou a ficção em termos de perspectivas de avanços tecnológicos, além de ter havido uma queda no nível do aprendizado em grande parte dos países. Talvez a imaginação dos escritores é que esteja muito presa à realidade presente, ou talvez não se consiga distinguir mesmo, no meio da profusão de obras disponíveis, o que está representando um futuro minimamente palpável, sem fantasias meramente lúdicas. A série de TV *Star Trek* ("Jornada nas Estrelas" no Brasil), por exemplo, criação de Gene Roddenberry, voltou no fim do século XX, em 1987, como *Star Trek: The New Generation*, e foi até maio de 1994, quando apresentou o último episódio, mas ela, por mais que tenha obtido sucesso, não despertou o entusiasmo da anterior. Nessa nova geração, a missão espacial ocorre no século XXIV, um século após os acontecimentos da série original, iniciada em 1966. Nos dois casos, o objetivo da viagem é explorar o universo, encontrando novos mundos, principalmente os habitados por seres parecidos conosco, e também estudando outras formas de vida.

A nova série foi lançada em DVD a partir de 2002 e suas histórias geraram quatro filmes. Em TV, as duas fases perfizeram um total de 30 temporadas.

Uma das diferenças entre as duas fases é que na nova o povo Klingon, antes inimiga dos humanos, passou a formar uma aliança com os terráqueos. Os Romulanos também aparecem na nova, mas sem alteração na animosidade que alimentam em relação aos membros da missão.

Imbuída dos novos ventos que passaram a circular pela Terra no fim do século XX, alguns episódios da nova série mostram a preocupação da tripulação da nave em buscar meios de salvar a espécie humana da destruição.

Apesar de trazer essa temática lúgubre da possibilidade do fim de nossa espécie nos próximos séculos, Star Trek era um sopro de esperança para a sociedade. Mulheres tinham posições de poder, como a comandante Katherine Janeway, representada pela atriz Kate Kulgrew, e uma mulher negra, Michelle Nichols, fazia o papel da tenente Uhura, em pé de igualdade, à parte a hierarquia militar, com os outros membros da equipe da nave. Lutando pelo bom funcionamento da Federação de Planetas, a equipe da nave era, em si, composta de membros de várias etnias terrestres, incluindo também um extraterrestre, o Dr. Spock. No futuro, pela visão do seriado, não haverá discriminação racial nem guerra entre os humanos, não se usará cédulas de dinheiro e não se fará distinção entre estar sendo comandado por mulher ou por homem.

Alguns dos processos e produtos avançados mostrados na saga já se tornaram realidade. Entre eles estão o *tablet*; a tela de toque (*touchpad*); o intercomunicador, que se concretizou no telefone celular; o fone de ouvido; a máquina de exame do Dr. McCoy, que "enxergava" o paciente por dentro, e que veio a ser o aparelho de tomografia computadorizada; e as portas que se abriam sozinhas, frente à aproximação de uma pessoa, e que agora são usadas mundo afora em centros comerciais e outros estabelecimentos.

Solar. Em 2057 os cientistas constatam que a reação nuclear do Sol vem evanescendo, com o risco de nossa estrela se apagar muito antes do previsto e extinguir a vida na Terra. Uma missão espacial é enviada para, alcançando as proximidades do astro, despejar em seu campo gravitacional uma imensa bomba nuclear, que deve ter o poder de reanimar sua atividade atômica. Este é o eixo para a narrativa de *Sunshine* ("Alerta Solar" no Brasil e nos países hispânicos), filme de 2007, dirigido por Danny Boyle, com roteiro de Alex Garland.

Todas as informações que temos prognosticam para alguns milhões de anos à frente de nosso tempo esse acontecimento, que é inevitável. Mas na ficção podemos imaginar qualquer fato, sendo um dos mais comuns transladar a época da ocorrência possível de fenômenos naturais. E a metáfora que se pode apreender dessa história é que cientistas e técnicos dispõem-se a fazer sacrifícios, voluntários ou não, em favor da humanidade.

Temos claro que, entre as categorias profissionais existentes, há grupos que trabalham como batedores, buscando garantias para a melhoria de vida das populações de seus respectivos países e também para salvá-las de ameaças externas. São formados por governantes, militares e diplomatas. Os restantes dos agentes econômicos formam a sociedade civil. Mas poucos se dão conta de como os cientistas transcendem esse papel, lutando sempre para garantir melhoria para toda a humanidade, não para um país, e, na ponta mais tensa, tentando salvar a humanidade, sempre que alguma ameaça for detectada ou vislumbrada.

Não podemos esquecer que Marie Curie, descobridora do elemento rádio, usou sua descoberta durante a I Guerra Mundial trabalhando como enfermeira e aplicando radioterapia nos feridos dos campos de batalha, sempre acompanhada da filha mais velha, Irene. Sem olhar para o lado perverso das radiações, contraiu câncer no braço e morreu em consequência disso. Outros pioneiros, também citados acima, morreram de câncer, muito provavelmente iniciado por radiatividade: Irene Joliot-Curie, Wolfgang Pauli e Enrico Fermi tiveram esse fim.

Praia. Em 1959 Stanley Kramer produziu e dirigiu o filme *On the Beach* ("A Hora Final" no Brasil), baseado no romance homônimo de Nevil Shute, de 1957. Com Gregory Peck, Ava Gardner, Fred Astaire e Anthony Perkins, o filme é um alerta contra a Guerra Fria e uma crítica severa àquela tensão então existente entre as potências.

O equilíbrio frágil da guerra fria, que visava evitar a Terceira Guerra Mundial, rompe-se em dado momento, e as grandes potências voltam ao campo de batalha, agora com disparos pulverizados de artefatos nucleares. O Hemisfério Norte está todo comprometido. Oficiais da marinha dos Estados Unidos estão perto do Japão e recebem ordens de dirigir-se para o sul. Tentam emergir nas Filipinas, mas lá também o ar não parece amigável. Sobra a Austrália, onde eles aportam. Lá, a nuvem ainda não havia chegado.

Um insistente sinal telegráfico é detectado, vindo da Califórnia. Talvez alguém esteja vivo por lá. No mesmo submarino atômico em que chegaram à Austrália, eles vão até San Francisco e San Diego verificar o que está ocorrendo. Não há ninguém vivo. Descobrem a causa da emissão do sinal, que não é humana. Voltam para a Austrália. Mas o sossego dura pouco.

Acontecimento. No filme *The Happening* ("Fim dos Tempos" no Brasil), de 2008, o diretor M. Night Shyamalan apresenta uma história em que humanos são atacados por uma toxina que cria neles impulsos suicidas. Com Mark Wahlberg e Zooey Deschanel, o filme aborda a temática da possibilidade de destruição da humanidade através de micro-organismos.

O que se descobre, após muitas peripécias, é que a toxina é uma resposta da vegetação da Terra às ações destrutivas promovidas pela espécie humana, que se tornou um tipo de praga frente aos outros seres vivos.

Amanhã. *The Day After Tomorrow* ("O Dia Depois de Amanhã"), de 2004, dirigido por Roland Emmerich, é um dos filmes mais catastróficos da história do cinema, não tanto pelas cenas que mostra, mas pelo fato de ser tudo aquilo muito plausível, pelo menos para os que aceitam as conclusões científicas sobre o aquecimento global.

Com Dennis Quaid, Jake Gyllenhaall, Ian Holm e Emmy Rossum, A história começa com pesquisadores na Antártida, verificando, na prática, efeitos do aquecimento global. Jack Hall (Dennis Quaid), climatologista, coleta amostras de gelo quando um grande bloco se desprende, quase provocando sua morte. Quando ele apresenta dias depois suas conclusões numa conferência em Nova Déli, enfrenta, como era de se esperar, fortes reações, em meio a apoios entusiasmados. Pelo modelo que ele desenvolveu, uma nova glaciação pode ocorrer na Terra em pouco tempo, em consequência das mudanças climáticas que a humanidade vem observando.

De um momento para outro, grandes tsunâmis, granizo, furacões violentíssimos e terríveis nevascas atingem diversas regiões do planeta.

Já quase no final do filme, astronautas observam o gelo cobrindo o Hemisfério Norte. A humanidade passou por enorme risco de desaparecimento, mas não foi ainda desta vez. Alguns que restaram vivos terão a incumbência de repovoar a Terra, e tomar juízo.

Além dos exemplos representativos abordados acima a TV e o cinema contam com outras centenas de obras de ficção tratando do fim do mundo ou de sua proximidade.

Motivações. É claro que as duas Grandes Guerras e a possibilidade de uma terceira, que ocorreria em moldes parecidos com a retratada em *On the Beach*, motivou a escrita de inúmeros trabalhos nessa linha.

Depois que as Forças Armadas dos Estados Unidos despejaram as duas bombas nucleares sobre Hiroshima e Nagasaki, nos dias 6 e 9 de agosto de 1945, o mundo viu-se diante da perspectiva de destruição da humanidade por armamentos atômicos, caso uma nova guerra mundial eclodisse em consequência das animosidades da II Grande Guerra, que, por seu lado, veio em decorrência das pendências deixadas pela I Grande Guerra.

Em agosto de 1939, os físicos Albert Einstein e Leo Szilard escreveram uma carta ao presidente dos Estados Unidos, Franklin Delano Roosevelt, alertando sobre o fato de que os nazistas estavam investindo na construção de uma bomba atômica, o que lhes permitiriam ganhar a guerra. O aviso resultou no Projeto Manhattan, de construção da bomba atômica dos Estados Unidos. Derrotados os nazistas alemães, os japoneses mostraram-se combatentes mais aguerridos. Como armas convencionais não os dissuadiram, Harry S. Truman, então presidente dos Estados Unidos, tomou a decisão de bombardeá-los com armas nucleares.

No início da década de 1950 Einstein escreveu algumas cartas ao amigo japonês Seiei Shinohara revelando seu desapontamento com o que aconteceu ao Japão e seu arrependimento por ter feito o alerta a Roosevelt. A preocupação eram os nazistas alemães, que, enfim, não conseguiram completar seu projeto de bomba nuclear. Einstein escreveu que, se soubesse de antemão que seu país natal, a Alemanha, não chegaria a construir a bomba, jamais teria assinado a carta a Roosevelt. Einstein, como se sabe, era um grande admirador do Japão, que tomava como um exemplo na área da educação. E era um pacifista convicto.

Stephen Hawking about the end of the world

Cap. 6 – Premonições

Sonhos. Como comentamos acima, nossos ancestrais diziam que o mundo foi primeiro destruído por água e viria a ser destruído em definitivo por fogo. Previsões sobre o fim do mundo, significando o fim da vida na Terra, são comuns a quase todas as culturas. E estão na literatura, seja em textos religiosos clericais, seja em textos esotéricos, sem citar as obras especulativas de cunho laico.

Entre as possíveis restrições à possibilidade da premonição não está o conflito com o livre-arbítrio, por dois motivos: primeiro, muitas predições são condicionais, do tipo que assegura que algo ocorrerá de tal modo se tal providência não for tomada antes; segundo, pequenos acontecimentos, sem importância histórica, por serem rotineiros ou manipuláveis, e que são a quase totalidade das ocorrências em nossa vida, não são objeto de visões proféticas. Se um vidente "enxerga" um fato que terá lugar apenas um século depois, esse não será um acontecimento corriqueiro, mas algo grandioso, para o bem ou para o mal. E, para cada sistema ou cada indivíduo, tudo o que ocorre depende de injunções internas ou de forças externas. Aquilo que depende apenas de forças externas fica fora do alcance do livre-arbítrio.

Quem já tenha passado por alguma experiência de "dejá vu", que é aquela sensação que a pessoa tem de que já viveu aquele momento antes, sem conseguir precisar quando, essa pessoa esteve, quase certamente, concretizando uma premonição. Quase todos os nossos sonhos são esquecidos durante o próprio sono ou, mesmo os recordados na vigília, são apagados da mente em pouco tempo. O "dejá vu" pode ter ocorrido num desses sonhos de que a pessoa não consegue lembrar-se, por mais que se esforce. Mas nem todas as pessoas estão abertas à premonição. É sabido que o hábito de fumar afasta a pessoa desse tipo de percepção. Certas práticas sexuais também podem impedir não só a possibilidade de antecipação sensorial de fatos futuros como a própria disposição em aceitar o fenômeno.

Devemos levar as profecias a sério? Em geral, não. Assim como não devemos comprar qualquer livro de poemas vendido em qualquer esquina. Para o cidadão que respeita a cultura cristã, mesmo que seja agnóstico, Paulo de Tarso diz que não devemos desprezar as profecias in totum: "Examina tudo, retém o que é bom" (1 Tessalonicenses).

Independentemente de o leitor dar crédito a profecias ou não, e contando com o ceticismo em lugar da refratariedade, passamos a tratar de algumas visões de futuro que certas pessoas tiveram, ou que outros relataram que tiveram, sem gastarmos tempo com o que pareça relato falso.

Roma..São conhecidas muitas profecias sobre a destruição da Cidade das Sete Colinas, apelido de Roma. O que poucos sabem é que a predição sobre o fim da cidade surgiu no ano 753 a.C., assim que ela foi fundada. Dizia-se que Rômulo, um dos gêmeos que a fundou (o outro era Remo), recebeu a visita de 12 águias, que lhe revelaram um segredo. A primeira interpretação era de que 12 anos depois a cidade seria destruída, já que cada águia deveria representar um ano. Como isso não aconteceu, a predição foi recebendo interpretações diversas, década após década, século após século.

Jerusalém. Quase sete séculos depois, no ano 63 a.C., Pompeu conquistou Israel, incorporando a região a Roma. Entre 58 a.C. e 55 a.C., Roma dividiu a área nas províncias de Judeia, Samaria e Galileia, mantendo Jerusalém como capital. Talvez por influência da profecia que previa o fim de Roma, os essênios, um ramo de ascetas no judaísmo, passaram a acreditar que também Jerusalém teria um fim, e, quando se iniciou a guerra de Israel contra Roma, no ano 66 d.C., enxergaram nela o fim dos tempos para sua capital. De fato, a cidade e o Segundo Templo de Salomão foram destruídos pelos romanos no ano 70 d.C. Como sabemos, a cidade não desapareceu de todo, e foi sendo restaurada com o tempo.

Pouco antes dessa tragédia, Jesus Cristo, pregador religioso, primo e continuador de João Batista, ensinava, segundo o relato bíblico, que o fim estava próximo, mas que ninguém, senão o Criador, poderia precisar o dia. Olhando a cidade de Jerusalém desde a montanha, ele vaticinou, usando um dito grego, que ali não restaria "pedra sobre pedra". Nisso ele pode ter pressentido a iminente destruição da cidade. Sobre o fim dos tempos, aos simples mortais era dado reconhecer a proximidade do evento pelos sinais. Terremotos em várias partes, muitas enfermidades, fome grassando pela Terra, nação se levantando contra nação, reino se levantando contra reino, irmão se rebelando contra irmão, filho se rebelando contra pai, filhos matando os próprios pais. Serão dias de tribulação como nunca houve desde a criação do mundo. Falsos profetas surgirão realizando maravilhas para enganar as pessoas simples. Se alguém disser, portanto, "Aqui está o Cristo", não se acredite nisso. Essas coisas não são ainda o fim, segundo Jesus, mas apenas os sinais.

Após todas essas tribulações, disse Jesus de Nazaré, e depois que a "boa nova", a palavra do evangelho, for ensinada em todo o mundo, o Sol escurecerá e, com isso, não haverá luz da Lua. Cairão as estrelas do céu e os poderes celestes serão abalados. Então surgirá em meio às nuvens o "Filho do homem', o Cristo, com grande poder e glória, e ele enviará os anjos e reunirá os eleitos dos confins da Terra até os confins do céu. Mesmo com os sinais, o ungido, o Cristo, viria de surpresa, "como um ladrão à noite".

Nas décadas seguintes, muitos acreditaram que o fim dos tempos viria muito brevemente. Paulo de Tarso recomendou que as pessoas não se casassem, gerando novas famílias, porque a preocupação maior teria de ser a preparação para o fim, que não demoraria a chegar.

Como isso poderia ocorrer em qualquer dia, em qualquer ano, são dois milênios já e o fim ainda não veio, mas não devemos raciocinar como se esses séculos que ganhamos representassem um desmentido das profecias. Seja pela premonição ou por avaliação científica, sabemos que o fim da vida na Terra virá, e, assim como a profecia, também a ciência ressente-se da capacidade de determinar a data.

Apocalipse. O último livro da Bíblia, Apocalipse ("Revelação", em grego), foi escrito por João de Patmos. Para a tradição católica, esse João é o mesmo que foi chamado "João, o Presbítero", "João, o Teólogo", "João Evangelista", e que antes era o mais jovem entre os doze apóstolos de Jesus. Ele era filho de Zebedeu e irmão de Santiago, o Maior, mas, como no livro Apocalipse ele não se identifica como um dos doze, nos tempos modernos ressurgiram dúvidas dos primeiros séculos cristãos a respeito de sua identidade. Para algumas correntes, trata-se de outro pregador. Para o catolicismo e várias outras igrejas cristãs, é o próprio apóstolo, que foi expulso de Éfeso pelos romanos, sob o Imperador Domiciano, em fins do século I, quando evangelizava naquela cidade, e exilou-se na Ilha de Patmos, Mar Egeu, onde, já em idade avançada, escreveu seu livro final. As cartas que na obra ele dirige às sete igrejas helênicas pesam a favor da interpretação católica, uma vez que com isso ele mostra ser bem conhecido por essas igrejas iniciais, o que dificilmente ocorreria com um novato. Outro elemento pouco lembrado é a questão do fator humano. Não eram muitos os ministros envolvidos com a doutrina cristã no primeiro século, e menos ainda com o nome João e, ao mesmo tempo, com o tirocínio para a escrita.

Embora, no século VII, a Igreja Católica tenha transformado em heresia a negação da autoria do apóstolo João ao texto do Apocalipse, no início do século XXI estudiosos da própria Igreja lançaram a hipótese de ser a obra escrita por alguém de uma suposta comunidade joanina, formada por discípulos do apóstolo, que podiam fazer passar-se pelo próprio João.

Segundo o Professor Scott Hahn, teólogo dos Estados Unidos, há quatro linhas de interpretação para o livro Apocalipse: preteristas, que relacionam os símbolos e fatos da obra a figuras do século I; idealista, para quem a obra expõe uma alegoria da luta entre o bem e o mal, a ser abraçada pelos cristãos; historicista, segundo a qual o livro traz o plano divino de toda a história humana, incluindo a história da Igreja; futurista, que identifica figuras do livro com personagens da história, enxergando como Bestas do Apocalipse líderes como Gêngis Khan, Napoleão Bonaparte, Benito Mussolini, Adolf Hitler, Josef Stálin, Mao Tsé-Tung e outros.

O livro passou por muita polêmica nos primeiros séculos da Igreja Católica por causa da recusa de muitos em considerá-lo como texto canônico. A Igreja Ortodoxa aceitou incluí-lo na Bíblia, mas até hoje proíbe sua leitura na liturgia. O medo era que o milenarismo ganhasse impulso dentro das correntes cristãs, com risco de fanatismos e outros desvios.

Quatro partes distintas compõem o texto: as Cartas às Sete Igrejas, o Cordeiro e os Sete Selos, O Dragão, a Nova Jerusalém. Na primeira parte, um ancião de cabelos brancos e longas vestes, com sete estrelas nas mãos e uma espada na boca envia a mensagem. Na parte seguinte, o Cordeiro é apresentado como aquele que pode abrir o livro dos Sete Selos. Surgem aí os Quatro Cavaleiros do Apocalipse, trazendo peste, fome, guerra e morte. João apresenta em linguagem poética a visão dos sinais que antecedem o fim, segundo o ensinamento de Jesus. Da abertura dos Sete Selos vem o toque das Sete Trombetas, que anunciam mais catástrofes. Na terceira parte surgem o Dragão e as Bestas do Apocalipse, uma trazendo na testa o número 666. Entram em cena as sete taças, trazendo outros simbolismos. A Prostituta, representando a Grande Babilônia, simbolização de todos os vícios, é protegida pelo Dragão e pelas Bestas. Na grande batalha do Armagedon, o Cordeiro vem em seu cavalo branco e a Grande Babilônia é derrotada, com as Bestas sendo lançadas no lago de fogo. O Dragão é preso "por mil anos e mais". Após isso, ele escapa e reúne os exércitos de Gog e Magog, encetando a batalha final, quando é definitivamente derrotado.

A Nova Jerusalém é representada por toda a Terra. Haverá "novos céus e novas terras", diz o livro.

Ao contrário da conotação negativa que a ideia de Apocalipse passou a ter, como algo que traz destruição para todos, o que João apresenta é a luta dos cristãos para se livrar das tentações, que trazem, sim, muitas desgraças., pragas, guerras e cataclismos naturais. A mensagem de João, depois de descrever todas essas ocorrências em linguagem alegórica, é a de que o Cordeiro vence.

Stephen Hawking about the end of the world

Diferentemente de muitas outras profecias sobre o fim do mundo, o Apocalipse de João é mensagem de esperança.

Estaremos nós literalmente habitando novos planetas, sob novos céus? Ou a Nova Jerusalém, que é nosso planeta, passará por uma merecida regeneração, propiciando aos seres humanos uma vida saudável e feliz nos próximos séculos? Há 3.000 anos, quase todos os grandes acontecimentos dependiam de circunstâncias maiores que nós, de fatores que não tínhamos como controlar. No terceiro milênio da era cristã, estamos vasculhando o universo e estamos interferindo no clima, sem ainda saber como fazê-lo trabalhar a nosso favor. Estamos a caminho disso? Sim, mas não sabemos se teremos tempo.

Milenaristas. A figura do Anticristo aparece pela primeira vez nas epístolas do apóstolo João, não no Apocalipse, que não faz referência a tal elemento. Como ele vem para trabalhar contra os desígnios de Jesus Cristo, segundo o apóstolo, não foi difícil identificá-lo com o Dragão.

Os milenaristas quase sempre relacionam o fim dos tempos, o Juízo Final, com o advento do Anticristo, que seria o sinal mais forte a prenunciar o acontecimento.

São Martinho de Tours, santo húngaro, previu que o fim dos tempos ocorreria no ano 400, ou pouco antes, afirmando que o Anticristo já andava pelo mundo naquele século IV.

Não foi dessa vez, mas três outros videntes fixaram no ano 500 aquilo que não ocorreu em 400. Foram eles Santo Irineu, século II, Hipólito de Roma e Sexto Júlio Africano, estes do século III. Este último garantiu que se o fim não viesse no ano 500, viria no ano 800.

A data mais crível, porém, foi a entrada do ano 1000. Por mais que o papado estivesse na mão de um homem esclarecido, São Silvestre II, o padre Gerbert, que havia introduzido na França o ensino dos numerais indo-arábicos, o alvoroço foi imenso, pois muitos clérigos e muitos videntes independentes apostaram naquele ano como a data do fim. O próprio papa, por via das dúvidas, preparou-se devidamente para o Juízo Final.

Como o ano 1000 terminou sem grandes sobressaltos, os videntes não se deram por vencidos: fixaram a nova data no ano 1033, que seria a soma de mil anos com a idade de Cristo.

Seguindo argumentos diversos, outros estudiosos continuaram apresentando novas datas nas décadas e séculos seguintes. Assim, o fim foi previsto para 1186, 1260 e 1284. A próxima data muito convincente foi 1496, ano que completaria um milênio e meio do nascimento de Jesus, que ocorrera, ao que se entende, no ano 4 a.C.

E que tal o ano de 1666? Um grande número de videntes trabalhou com este número, que seria o milênio somado ao 666 da Besta do Apocalipse. Este foi mais um palpite errado.

Um teólogo inglês que era também astrônomo, William Whiston, previu a colisão de um grande cometa com a Terra a ocorrer no dia 16 de outubro de 1736, trazendo o fim do mundo.

Importantes ministros da religião dos quáqueres, nos Estados Unidos, concluíram que a segunda vinda de Jesus Cristo ocorreria no ano de 1792. Este foi um ano de efervescência na Revolução Francesa, mas não foi o fim. Então os mesmos ministros reajustaram a data para 1794.

William Miller, que fundou a religião adventista, predisse que Jesus voltaria em 1843 ou 1844. Outros ministros adventistas foram reajustando a data, à medida que os anos iam passando sem que o fim viesse.

Mais tarde, Joseph Smith, fundador da religião mórmon, afirmou que a segunda vinda de Jesus seria no ano de 1891.

O próximo líder importante a estabelecer uma data foi Charles Taze Russell, fundador da religião das Testemunhas de Jeová. Para ele, o fim ocorreria em 1914. Nesse ano eclodiu a I Guerra Mundial, mas esta se encerrou em 1918. Novas datas foram sendo apresentadas pelas Testemunhas de Jeová.

Depois que alguns místicos previram, sem sucesso, que a passagem do Cometa Halley, em 1987, destruiria o mundo, surgiu a data de 26 de março de 1997 como dia final, pelos seguidores da seita Portal do Céu (Heaven's Gate). Na data, passaria perto da Terra o Cometa Hale-Bopp. Entenderam que os que morressem nesse dia seguiriam viagem a bordo daquele cometa e, com isso, grande número de adeptos cometeu suicídio.

Bug. E então veio o "bug do milênio", a catástrofe que ocorreria no dia 1º de janeiro de 2000, por causa de uma mudança na maneira de registrar datas entre o início da era dos computadores e a prática adotada no fim do século XX.

Os dados da década de 1950 e mais alguns anos seguintes eram registrados com data que guardava apenas os dois dígitos finais para o ano. Em lugar de 1958, por exemplo, escrevia-se 58. Com a virada do milênio, esse costume traria sérios problemas, uma vez que o ano de 18 tanto podia referir-se a 1918 como a 2018. Especulou-se que a confusão poderia acarretar catástrofes financeiras e até militares.

Os bancos, as universidades, os governos e as forças armadas, entre outras instituições, trataram de revisar todos os arquivos prévios para adequar suas datas às exigências dos novos tempos.

Não havia nada de místico na preocupação com o bug do milênio, mas o pavor que os mais crédulos sentiram no fim do ano de 1999 não foi muito diferente daquele dos europeus no ano 999.

Além disso, embora os videntes milenaristas tivessem perdido a força ao longo do século XX, um tempo pródigo em materialismo, havia uma componente esotérica naquela data. Antes de tratar dela, no entanto, convém fazer um passeio por vida e obra de algumas figuras emblemáticas do segundo milênio europeu nesse campo das premonições.

Hildegarda. Madre Hildegarda, canonizada como Santa Hildegarda de Bingen e incluída no rol dos doutores da Igreja pelo papa Bento XVI (em toda a história, há 35 doutores da Igreja, santos com um papel doutrinário de grande destaque, e quatro deles são mulheres: Santa Teresa de Ávila, Santa Catarina de Siena, Santa Teresa de Lisieux e Santa Hildegarda de Bingen), nasceu em Rheinhessen, Vale do Reno (hoje na Renânia-Palatinado), Alemanha, em 16 de setembro de 1098, e morreu no Monastério de Rupertsberg, de Bingen, também em Rheinhessen, no dia 17 de setembro de 1179.

A obra profética dessa madre superiora, monja beneditina, goza de pouca exposição frente ao conjunto de seu trabalho intelectual, dadas a enorme abrangência e a esplêndida significação do todo. Ela escreveu obras teológicas, cosmológicas e antropológicas, produzindo ainda, entre outros, um livro sobre ciências naturais, chamado *Physica*; a primeira língua artificial da história, que ela chamou *língua ignota*, o que lhe rendeu nos tempos modernos o título de padroeira dos esperantistas; e a composição de pelo menos 78 canções sacras, uma das quais foi incluída na trilha sonora do filme "Uma mente brilhante", sobre a vida de John Nash. Um exemplo de sua obra musical é "Ave generosa" (digite na janela do navegador: **bit.ly/2Pq6ciW**).

Hildegarda é conhecida como a "Sibila do Reno", ou, como prefere a Igreja, a "Profetisa Teutônica". De família nobre, foi a décima criança nascida do casal Hildebert de Bermersheim e Matilde (Mechtild) de Merxheim-Nahet. Como era uma menina muito doente, com poucas chances de crescer e tornar-se uma mãe de família, e também por ser a décima entre os irmãos, foi entregue desde cedo ao serviço religioso, como "dízimo". Desde pequena, ela costumava ter visões, de "uma luz que fazia tremer minha alma", segundo ela própria, mas decidiu que não contaria isso a ninguém, porque tinha medo do que poderiam pensar dela. Essa luz que ela via apresentava imagens e cores, acompanhadas, às vezes, de vozes, que comentavam o significado das visões, e também de música. Sua educação ficou a cargo da Condessa Judith von Spanheim (Jutta), que a instruiu na leitura do latim e da Bíblia, além da prática do canto gregoriano. Residiram no castelo da família de Judith até a altura dos catorze anos de Hildegarda, em 1112, quando ambas entregaram-se ao claustro, no monastério de Disibodenberg, que, apesar de ser de monges homens, criou uma ala de freiras, que passou a ser dirigida pela própria Judith. Em 1114 aquela ala transformou-se num convento independente, dado o grande número de irmãs que tinha agregado. Em 1936, com a morte de Judith, as freiras elegeram Hildegarda como sua nova superiora, por unanimidade.

Em 1141, depois de completar 42 anos, teve uma visão acompanhada de uma voz que recomendava que ela deveria passar a escrever sobre o que ela via e ouvia. Como era boa leitora de latim, mas sem a prática da escrita na língua, instituiu como secretário particular um dos monges de Disibodenberg, Frei Volmar, e transformou em colaboradora a jovem freira Richardis von Stade, muito hábil na escrita e que tinha com Hildegarda uma relação quase de filha para mãe.

Ainda em dúvida quanto a tornar públicos esses relatos, consultou por carta o Bispo Bernardo de Claraval, mais tarde canonizado como São Bernardo, explicando sua situação e pedindo conselhos. Ele a encorajou e deu apoio, o que a animou a prosseguir. O Papa Eugênio III, ex-aluno de Bernardo, foi informado sobre o caso e também apoiou o trabalho da profetisa. Ele leu publicamente alguns trechos de textos dela num sínodo, em Trévens, e declarou que eram inspirados pelo Espírito Santo.

Em 1151 ela concluiu seu primeiro livro, *Scivias* (contração de *Scito Vias Domini*: Conhece os Caminhos do Senhor), em que narrava suas experiências sensórias.

Antes da conclusão do livro ela teve uma visão na qual recebeu a recomendação de transferir as freiras para um novo convento, que ela deveria fundar em Rupertsberg. O abade do monastério não concordou, dizendo que ela estava sendo levada pela vaidade, o que a fez adoecer por uns tempos, mas, com firme determinação, ela enfrentou todos os transtornos que se interpuseram ao projeto e fez a transferência, acompanhada de vinte freiras. Sua colaboradora principal, Richardis von Stade, que era marquesa, havia tratado da questão com o arcebispo de Mogúncia, Henrique I, que deu a autorização.

Nessa nova casa, antes mesmo de concluir Scivias, ela escreveu Physica, um livro sobre medicina natural (*Cause et Cure*) e a obra *Liber Vite Meritorum* (Livro da Vida Meritória). Também iniciou a composição de seus cantos litúrgicos, na coleção que ela chamou de *Symphonie Armonie Celestium Revelationum*.

Mas, pouco tempo depois da instalação do novo convento, sem que ficasse claro de onde partira a ideia, a filha do coração, Richardis, foi nomeada madre superiora do Convento de Bassum, na Saxônia, tendo de abandonar Rupertsberg, contra todos os protestos de Hildegarda, que apelou inclusive ao papa, sem sucesso. Um ano depois Richardis faleceu.

Entre 1163 e 1173 ela escreveu o *Liber Divinorum Operum* (Livro das Obras Divinas), a terceira de suas grandes obras teológicas. O longo tempo gasto justifica-se por suas viagens, que ela fazia como pregadora.

Em suas pregações ela enfatizava a conversão, a salvação, o combate à corrupção no clero e a campanha contra os cátaros, que abraçavam o gnosticismo.

De todo o registro de suas profecias, o que mais conta para nós, oito séculos e meio depois, é sua visão do Anticristo. O relato está no livro Scivias e, como não era do perfil da Sibila do Reno entrar em choque com a ortodoxia da Igreja de Roma, o que ela fez foi dar detalhes sobre essa figura anunciada nas epístolas de João Evangelista. Uma vez que agora ela é considerada uma das Doutoras da Igreja, o que ela escreveu sobre o tema oficializou-se como a posição da própria Igreja.

Hildegarda trata do Anticristo também no Liber Divinorum Operum, mas apenas de passagem, diferentemente do que ela faz no Scivias, em que traz os detalhes da visão.

O Scivias divide-se em três partes, que são a Criação, a Redenção e a Santificação, respectivamente, as obras do Pai, do Filho e do Espírito Santo. Fazem parte do livro as explicações sobre 26 visões, cada uma delas acompanhada de uma pintura ilustrativa.

A imagem do canto superior esquerdo da pintura da visão do Anticristo mostra as cinco bestas, ou feras: um cachorro alaranjado, representando as pessoas mordazes; um leão amarelo, que são as pessoas agressivas; um cavalo bege, representando os que insistem no pecado; um porco preto, que são os lascivos; e um lobo cinzento, que são os indivíduos enganadores. As feras olham para o oeste, onde veem uma colina de cinco picos.

O canto superior direito da pintura mostra uma edificação, que é a Igreja, e sobre ela está a figura de Jesus Cristo, resplandecente, de braços abertos, vestido de púrpura e com uma lira sobre os joelhos. Os pés, ou calçados, são brancos como o leite, representando a preservação da pureza. Na parte de baixo do quadro está a Igreja representada na figura de uma mulher coroada, de tronco cheio de escamas, com braços abertos e também mãos abertas. De sua genitália aparece a cabeça do Anticristo: olhos de fogo, nariz e rosto de leão e orelhas de asno, formando um ser tenebroso. Dos joelhos até os calcanhares, as pernas da mulher estão cheias de sangue. O significado é que o Anticristo nasce na própria Igreja, como resultado do pecado que viceja dentro dela. À frente dessa mulher, a pintura mostra que o Anticristo tentou subir e alcançar o céu. Dá-se, porém, um grande estrondo e ele cai da montanha, em meio a uma névoa imunda, atemorizando as pessoas embaixo, que pedem a proteção dos céus e perguntam-se por que se deixaram enganar. Depois disso, os pés da mulher tornam-se brancos, esplendorosos, "mais que o fulgor do sol".

Segundo Hildegarda, o Anticristo convence multidões, ensinando que devem dar vazão a seus desejos de riquezas e prazeres, devem abandonar vigílias e jejuns e apenas amar ao Senhor, que ele diz representar. Diz que agindo assim as pessoas se libertarão do inferno e alcançarão a luz, passando a viver com o Senhor (o Anticristo) eternamente. Prega que seus seguidores adotem a circuncisão (nisto vemos algo da ortodoxia beneditina da profetisa), rejeitem o batismo e o Evangelho e relaxem todos os preceitos severos das leis cristãs. Chama de insensata toda aquela gente que, "através de mentiras, estabeleceu essa observância para as pessoas simples".

Segundo as visões da profetisa teutônica, o propósito do Anticristo é ganhar para si toda a humanidade. E quando se darão o nascimento e a queda dele? Só o Criador tem a resposta. As datas não estão nos escritos dela.

O leitor pode conhecer melhor a vida de Hildegarda assistindo ao longa-metragem de Margarethe Von Trota *"Visão – Sobre a Vida de Hildegarda Von Bingen"*, de 2009, com Barbara Sukowa.

Mirabilis. Roger Bacon, frade franciscano que nasceu em Ilchester, Inglaterra, em 1220, e morreu em Oxford, em 1292, tornou-se conhecido por seu apelido de *Doctor Mirabilis* (Doutor Admirável), pela profundidade de seus estudos, seus conhecimentos e sua inteligência. Ele não foi um profeta, que recebesse visões do futuro, mas ele antecipou, com o uso da ciência, grande número de avanços tecnológicos do mundo moderno. Como ocorreu com Leonardo Da Vinci três séculos depois, muitos dos inventos que ele desenhou ficaram apenas no papel, esperando viabilidade, já que em seu tempo não havia recursos para pôr em prática os empreendimentos que ele imaginava.

Religioso e professor, por ofício, ele não dissertou sobre o fim do mundo, mas descreveu máquinas que são parte integrante desse nosso tempo que, para muitos, é a fase final para a humanidade. Para ele, o desenvolvimento da "ciência experimental", expressão que ele criou, era o caminho no qual nós humanos ajudaríamos Jesus Cristo a derrotar as forças do atraso e da maldade, isto é, do Anticristo.

Bacon ingressou na Universidade de Oxford aos 13 anos, e cursou Bacharelado em Artes, que era o nome do curso de Matemática nos primeiros séculos da universidade medieval. Entre seus professores estava Robert Grosseteste, franciscano, primeiro chanceler da Universidade de Oxford e mais tarde bispo de Lincoln. Grosseteste foi pioneiro em estudos experimentais de lançamento oblíquo e defendeu o uso da Matemática como base das leis naturais. Segundo ele, para a origem do universo, o Criador primeiro estabeleceu um pequeno ponto material, fazendo-o emitir luz, e a partir daí veio a criação de todo o restante das coisas existentes. Tal concepção é considerada por muitos como a primeira proposta, surpreendentemente precoce, da teoria do Big-Bang. Ele também traduziu para o latim a "Ética a Nicômaco", de Aristóteles.

Depreende-se que o maior influenciador de Bacon quanto à importância da experimentação, tendo a Matemática como linguagem, deve ter sido Robert Grosseteste. Entre as frases atribuídas a Bacon, uma afirma: "A Matemática é a porta e a chave de todas as ciências". Outra diz: "O abandono da Matemática traz dano a todo o conhecimento, pois quem a ignora não pode conhecer as outras ciências nem as coisas deste mundo".

Na Segunda Guerra dos Barões, esta contra a casa real de Henrique III, iniciada em 1264 (a primeira, de 1215, foi contra João Sem Terra), sua família tomou o partido do rei, que foi derrotado. Com isso, veio a pobreza, para seus pais e para ele próprio. Alguns biógrafos apostam no fato de que ele possuía um laboratório, com alguns inventos, seja na área de Óptica, seja na área de Mecânica, e que isso se perdeu no fogo da batalha. A ironia é que ele foi a primeira pessoa no Ocidente a desenvolver uma fórmula para a pólvora, que os chineses usavam já há alguns séculos para fabricar fogos de artifícios. Segundo sua explicação, aquele produto, devidamente comprimido, podia provocar grandes explosões. Se o rei tivesse antecipado o uso bélico da pólvora, certamente teria saído vitorioso.

Diferentemente de Madre Hildegarda, que criticava a corrupção na Igreja sem questionar o sistema em si, Roger Bacon era um crítico severo do currículo e do método didático da Escolástica, principalmente por causa da ênfase na pura teoria, com desprezo pela prática. Dizia que se um jovem fosse formado por aquele método num país que não conhecesse o fogo, a primeira coisa que aconteceria com ele ao viajar a um país comum seria queimar-se, pois o fogo só era conhecido por ele na forma teórica, que não causa dor.

Nos estudos de Óptica, Bacon explicou o arco-íris e aperfeiçoou instrumentos, seguindo a linha de estudos de al-Hazen. Pela observação astronômica, concluiu que o Calendário Juliano estava errado, pois acumulava defasagem de alguns dias em relação ao movimento de translação da Terra. Fez os cálculos para a correção, mas estes só foram adotados em 1582, no Calendário Gregoriano, do Papa Gregório XIII, por insistência de cientistas da Universidade de Salamanca.

Por seu espírito crítico, angariou muitas desavenças entre os clérigos. Quando um desses que discordavam veementemente dele tornou-se seu superior hierárquico, decidiu mudar-se para a França, onde continuou os estudos e, durante dez anos, foi professor, na Universidade de Paris.

O Cardeal Guy le Gros de Folques, com quem fez amizade, gostava de suas ideias e encorajou-o a escrevê-las em forma de livro. Ele então iniciou a produção de seu *Opus Majus*, um enorme compêndio tratando de Matemática, Física, Lógica, Ética e Gramática, entre outros temas. Enquanto ele desenvolvia esse trabalho, Folques tornou-se papa, com o nome de Clemente IV. Em 1267 ele enviou a obra à Santa Sé, por um frade que o auxiliava, e pouco tempo depois, no mesmo ano, enviou outro livro, chamado *Opus Minus*, que era uma nova abordagem sobre os mesmos temas, mas de modo mais resumido. Como os amigos chamavam esse novo livro de Opus Secundum, o próximo livro que ele escreveu chamou-se *Opus Tertius*, e este ele também enviou ao papa, em 1268. Infelizmente, o papa morreu naquele ano, sem ter recebido as obras, que vinham de Paris a cavalo. O papa seguinte, Gregório X, não foi nada simpático às ideias de Bacon.

Segundo algumas biografias, ele esteve preso em Roma, entre 1277 e 1279, sob acusação de heresia, mas o relato nunca foi confirmado pela Igreja.

Entre os inventos que ele descreveu como possíveis através do avanço científico estava, por exemplo, o barco a vapor, que, como vimos acima, só foi construído em 1803: "Barcos poderão ser movidos sem remos ou remadores, de modo que grandes navios possam ser conduzidos no mar ou em um rio por um único homem". Em outro momento ele imaginou os automóveis: "Poderão ser construídos carros que se moverão sem qualquer tração animal a uma velocidade incalculável". Sobre veículos aéreos ele propôs o balão de ar quente, "uma grande bola oca, de cobre fino, enchida com fogo líquido ou ar", que só foi construído em 1709, em Lisboa, pelo padre brasileiro Bartolomeu de Gusmão, na forma de sua famosa

"Passarola", embora, mesmo com o crédito da Igreja para Gusmão, até o momento a academia só reconheça como primeiro voo o dos irmãos Montgolfier, na França, em 1783.

Usando ideia parecida com as defendidas por Leonardo Da Vinci séculos depois, ele escreveu também que seriam fabricadas "máquinas voadoras em que um homem pode sentar-se e ativar um certo mecanismo de asas artificialmente construídas, à maneira de um pássaro no voo".

Também imaginou o submarino: "Instrumentos poderão ser feitos para andar no mar, ou em rios, mesmo no fundo deles".

Tendo morrido sem reconhecimento no fim do século XIII, aos poucos o nome de Roger Bacon foi crescendo na história, principalmente pela mão dos historiadores da ciência. Hoje há uma cratera lunar com seu nome e há também o Asteroide Rogerbacon, o de número 69312, descoberto em 1992.

Shipton. Ursula Southeil, de Knaresborough, Yorkshire, que viveu de 1488 a 1561, foi uma profetisa que ficou conhecida como Mother Shipton, depois de casar-se com o carpinteiro Toby Shipton, em 1512.

Só oitenta anos depois que ela morreu é que surgiu a primeira publicação com suas profecias, de modo que entre o que ela disse e o que saiu impresso pode ter havido muita diferença. Numa edição de 1862 veio uma previsão do fim dos tempos: "A um fim chegará o mundo / Em dezoito oitenta e um" (*The world to an end shall come / In eighteen hundred and eighty one*). Isso obviamente aumentou a fama da vidente, mas um certo Charles Hindley confessou depois que inventou aquele dístico. Em versões distintas, mundo afora, a data foi sendo adaptada, sendo a última delas o ano de 1991. Isso é apenas brincadeira de gente que quer ganhar alguma coisa usando o nome de videntes que estavam preocupados com outras coisas.

Como podemos ver, esse caso de profecia com data marcada é quase sempre fruto de alguma manipulação, pois o vidente normalmente não enxerga datas.

As predições de Mother Shipton tratavam quase sempre de questões locais, sobre pessoas de sua vizinhança. Pode, no entanto, ter saído da pena dela uma quadra com predições parecidas com os prognósticos tecnológicos de Roger Bacon: "Um carro sem cavalo irá; / Desastre enche o mundo de dor. / Flutuará o ferro em água / Como se de madeira fosse" (*A carriage without a horse shall go; / Disaster fill the world with woe... / In water iron then shall float, / As easy as a wooden boat*).

Conta-se que Mother Shipton nasceu numa caverna, que tem hoje o nome de Caverna de Mother Shipton e constitui-se em local de visitação pública.

Bandarra. Antônio Gonçalves Annes de Bandarra, conhecido como o Sapateiro Bandarra, por causa de sua profissão, foi um poeta popular que escrevia versos proféticos em sua cidade de Trancoso, Portugal. Nasceu no ano de 1500 e morreu em 1556. Quando em 1580 Portugal foi absorvido pela coroa espanhola, Bandarra ganhou renome porque seus versos pareciam prever a volta do Rei Dom Sebastião, que morreu jovem em batalha na África, em 1578, para conquistar o Marrocos, e, sem deixar herdeiros, fez com que seu país perdesse a autonomia dois anos depois, após a morte de um tio seu que o sucedeu e também não tinha filhos, por ser clérigo.

O Domínio Espanhol sobre Portugal durou 60 anos, terminando, pois, em 1640. Nos poemas de Bandarra, uma tesoura aberta os intérpretes entenderam como o número 10 romano (X). Uma tesoura fechada, o número 2 (II). Uma das quadras dizia: "Augurai, gentes vindouras, / Que o Rei, que aqui há de vir, / Vos há de tornar a vir, / Passadas 30 tesouras". As 30 tesouras significam 30 vezes 2, que são aqueles 60 anos.

Algumas quadras previam, segundo os resenhistas, a invasão de Portugal pelas tropas de Napoleão Bonaparte. A última delas diz: "Nove letras tem o nome: / Duas são da mesma casta, / Olhe qualquer como o gasta, / Para não morrer de fome". "Bonaparte" é palavra de nove letras, duas delas sendo "a".

Sem referir-se a nenhuma data, outras quadras parecem tratar da II Grande Guerra, como a seguinte: "Não haverá em Espanha / Lugar privilegiado; / tudo será assolado / dessa gente de Alemanha".

Alguns imaginam, com base em algumas profecias, que a "guerra" do fim do mundo virá do Oriente para o Ocidente. Daí alguns intérpretes das quadras de Bandarra entenderem que trata dessa batalha final a quadra seguinte: "Lá de onde o sol vem nascendo / Um Dragão vejo vir vindo: / E seu cabo vem correndo / Mais bichos que o vem seguindo".

Nos tempos da restauração da coroa, Bandarra inspirou os escritos proféticos do Padre Antônio Vieira. No início do século XX, Fernando Pessoa também levou a sério suas previsões quanto ao destino da cultura lusitana.

Pelo teor de seus versos, foi acusado pela Inquisição de práticas "judaizantes", recebendo por isso uma condenação do Santo Ofício. Bandarra havia escrito que no futuro católicos e judeus estariam unidos sob uma mesma religião. A pena, porém, foi leve, e ele pôde voltar para Trancoso e continuar seu trabalho de sapateiro.

Como foi dito acima, as datas não fazem parte das visões dos profetas, e quando se diz de vidente A ou B que vaticinou tal acontecimento para o ano tal, deve-se desconfiar de alguma manipulação. De inscrições em construções da Antiguidade, por exemplo, há dois casos emblemáticos. Um é um monumento maia na Península de Iucatã, México, indicando fim do mundo para o ano de 2012. Antes da data, porém, muitos já diziam que o que se previa lá era uma grande transformação. Ora, isso valeria para 2012, mas também para qualquer outro ano. O outro documento são hieroglifos em pirâmides do Egito, apontando para alguma virada na altura do ano 2000. Podemos ver isso do mesmo modo que estamos vendo a "profecia" maia. Só um dos profetas conhecidos conseguiu datar algumas de suas previsões, e veremos como isso se deu.

Nostradamus. As várias datas marcadas para o fim desde o ano 1000 estavam ancoradas no dito popular que decretava para o planeta, dirigindo-se a ele, a seguinte sentença: "De 1000 passarás, a 2000 não chegarás." Nostradamus, Dr. Michel de Notredame, o maior dos profetas da cristandade, reforçou a crença ao escrever a quadra 72 de sua centúria X: "*Um, nove, nove, nove, sete meses, / Virá do céu grande rei do terror: / Ressuscitar o rei de Angoumois, / Mas ante Marte o reino tem louvor.*"

Se tivesse dito 1999 mais três vezes sete meses, em lugar de somar apenas uma vez sete meses, teria acertado em cheio o ano e o mês da derrubada das Torres Gêmeas, de Nova Iorque. Como os profetas veem o futuro, talvez por buracos de minhocas, mas não conseguem precisar detalhes de sua visão, toda vidência é nebulosa, e só depois de realizada a predição é que se entende o que o perscrutador queria dizer.

Mais duvidosa ainda entre as profecias é aquela que aponta uma data. O vidente não tem um sistema de enxergar data para o acontecimento que está antecipando, a menos que essa data apareça escrita junto ao objeto da visão, e parece que isso nunca ocorreu.

O caso de Nostradamus é distinto dos demais porque ele acoplava a suas visões uma configuração astronômica, que, para quem conhece o assunto, significa uma data.

Nascido em Saint-Remy de Provence no dia 14 de dezembro de 1503, Nostradamus ingressou no curso de Medicina na Universidade de Montpellier, depois de bacharelar-se na Universidade de Avignon. Aprovados em seus créditos, em 1525, a universidade negou-lhe o título de médico depois de descobrir que ele era boticário, isto é, praticava farmacologia por conta própria.

Trabalhando como boticário, Nostradamus enfrentou epidemias de peste apresentando medicamentos que ele mesmo desenvolvia. Depois de perder sua primeira esposa para a peste, enquanto cuidava dos outros pacientes, estabeleceu-se em Salon de Provence. Nesta pequena cidade ocupou-se em publicar um almanaque com orientações para os agricultores, ao perceber uma alta demanda por esse tipo de serviço. Aperfeiçoou-se em previsões meteorológicas, que publicava como um diferencial em seu almanaque. Foi dessa prática que lhe veio a ideia de fazer outros tipos de previsões.

Tornou-se então um vidente que "enxergava" as conjunções astronômicas ligadas aos acontecimentos que prenunciava.

Ao prevenir a corte sobre um acidente que viria a matar o rei Henrique II, o que ocorreu numa justa, uma luta lúdica, quando a lança do adversário lhe furou um olho, levando-o ao óbito, Nostradamus foi chamado a Paris e passou a ser muito respeitado na realeza, tornando-se grande amigo da rainha, Catarina de Médici.

Apesar daquela quadra com previsão para o ano de 1999, Nostradamus previu o fim dos tempos para uma data muito posterior. Na "Carta a Meu Filho César", ele escreveu que este acontecimento deve dar-se no ano de 3797. Para ele, portanto, teremos ainda quase dois outros milênios de vida neste planeta.

Faleceu no dia 2 de julho de 1566, de colapso cardíaco.

Vieira. O Padre Antônio Vieira, jesuíta que nasceu em Lisboa, Portugal, em 1608, e morreu em Salvador, Estado da Bahia, Brasil, em 1697, escreveu, entre suas muitas obras, três relacionadas a profecias: Quinto Império, *Clavis Prophetorum* (livro incompleto) e História do Futuro. Sua obra completa foi publicada em 2013, num total de 30 volumes, com organização da Universidade de Lisboa.

Ele não foi um profeta que tivesse visões ou premonições, como Madre Hildegarda ou Nostradamus. O que ele fez foi um trabalho de dedução, como o de Roger Bacon. A grande diferença em relação ao frade inglês foi que este fazia suas aproximações do futuro com base no conhecimento científico, centrado em Matemática, Óptica, Mecânica e Alquimia, que era a Química da época, enquanto Vieira baseava-se na interpretação da História e das profecias bíblicas, buscando desvendar a organização política do mundo no futuro.

O pai de Antônio Vieira, Cristóvão Vieira Ravasco, trabalhava para a

Marinha portuguesa e chegou a servir como escrivão da Inquisição, ofício que o fez ser transferido para Salvador, Brasil, para auxiliar o Tribunal do Santo Ofício na então colônia. Em 1608 mandou buscar a família em Lisboa, para morar com ele, de modo que o menino Vieira veio estudar no Brasil aos seis anos de idade.

Estudando no Colégio dos Jesuítas, até a pré-adolescência era um aluno "fraco", i. e., com muita dificuldade de aprendizado. Devemos lembrar que até o início do século XX o ensino básico era construído quase exclusivamente sobre o trabalho de memorização de conteúdos, valendo muito pouco, ou nada, a habilidade de dedução que um ou outro estudante apresentasse. Em dado momento, segundo o próprio Vieira, ele sentiu um "estalo" na cabeça e logo tudo passou a fazer sentido. Esse episódio e esse momento passaram a ser chamados de "o estalo de Vieira". Na realidade, quase todos os escolares passam por seu momento de "estalo de Vieira", sem se dar conta disso, porque são poucos os que seguem uma curva de aprendizado pessoal sempre crescente e sem saltos.

Em 1624, com a Invasão Holandesa, refugiou-se nas matas e dessa fase veio a descoberta de sua vocação para o trabalho missionário com os indígenas. Em 1627 tornou-se professor de Retórica em Olinda, Pernambuco, mas não ficou muito tempo, retornando a Salvador para continuar seus estudos teológicos. Em dezembro de 1634 foi ordenado sacerdote.

Poucos anos depois ocorreu uma árdua disputa por poder na colônia, entre dominicanos, responsáveis pela inquisição, e jesuítas, com seu trabalho de catequese e alfabetização. Os dominicanos saíram vencedores da contenda e Vieira, que criticava a discriminação contra cristãos novos, os judeus recém-convertidos ao catolicismo, frente aos cristãos velhos, passou a ser visto como defensor dos judeus. Assim, em 1641, um ano depois da restauração da coroa portuguesa, ele regressou a Lisboa, passando a atuar como diplomata. Na Holanda negociou a volta das capitanias do Nordeste brasileiro à coroa portuguesa e em 1648 foi para a embaixada de Portugal na França.

Em Portugal, Vieira defendia a permanência dos judeus no país, insurgindo-se contra as medidas de expulsão, argumentando que isso significava descartar o espírito industrioso e o engenho dos hebreus, o que empobreceria Portugal. Essas pregações causaram muita desavença contras ele. No fim de 1652, resolveu voltar ao Brasil, indo atuar no Maranhão, aonde chegou em janeiro de 1653. Em São Luís, a capital, naquele ano, criticou os proprietários da indústria açucareira com o Sermão da Primeira Dominga de Quaresma, em que condenou a escravidão dos indígenas e buscou convencer os senhores de engenho a conceder-lhes a liberdade.

No ano seguinte, 1654, proferiu na mesma cidade o Sermão de Santo Antônio aos Peixes, tratando da discórdia dos colonos quanto à pregação dos jesuítas pela liberdade dos indígenas. Três dias depois viajou para Lisboa, para pedir ao Rei Dom João IV algum edito que garantisse direito aos nativos. Depois de um naufrágio que quase o vitimou nos Açores, seguido de um saque por corsários holandeses, chegou a Lisboa e conseguiu reaver, da Holanda, seus papéis que os saqueadores tinham levado.

Voltou ao Maranhão, mas sua pregação em favor dos indígenas gerou reação que o levou a retornar a Portugal, em 1661. Foi acolhido pela nova rainha, Luísa de Gusmão, mas no ano seguinte ela foi derrubada do trono e substituída por Afonso VI, que não aceitava suas ideias. Por causa de seus textos proféticos foi condenado pela Inquisição, acusado de heresia, ficando recluso por quase três anos, até receber o indulto, em 1668. No ano seguinte mudou-se para Roma, onde passou seis anos. Fez representações contra a Inquisição de Portugal e conseguiu que o papado suspendesse os trabalhos do Tribunal do Santo Ofício por quase sete anos em terras portuguesas, de 1675 a 1681.

Voltando a Portugal envolveu-se em contratempos por defender os judeus cuja política de expulsão a Inquisição retomou. Depois de muitos dissabores decidiu voltar ao Brasil, para não mais pisar em sua terra natal, dizendo, conforme retratado no filme "Palavra e Utopia", de Manoel de Oliveira: "Esta terra não merece meus ossos".

Seus estudos publicados nos livros proféticos indicavam que Portugal ocuparia a posição de Quinto Império da história mundial. Naqueles tempos, jesuítas portugueses espalhavam-se por América, África, Índia, China, Japão e muito mais. Navegadores portugueses fundavam colônias na Índia, na China e na África, além da maior delas, o Brasil, que vinha sendo povoada e catequizada na América. Rivais nessa trajetória eram a Espanha e, com algum esforço, a Holanda, que tinha ficado independente do império espanhol naqueles dias. Não é difícil entender que a dedução de Vieira fazia sentido.

A ideia partia da interpretação que o profeta Daniel fizera do sonho de Nabucodonosor II, em que aparecia uma estátua de ouro, prata, bronze e ferro. Esses metais representariam sucessivos impérios que viriam a dominar o mundo, começando por aquele em que Daniel se encontrava. Eles seriam Assíria, Pérsia, Grécia e Roma. O Quinto Império, na interpretação de Vieira, seria o domínio da cristandade. O barro que cobria toda a Terra após a estátua ser destruída pela pedra que descia sem auxílio de mãos humanas e se transformava em montanha representava a cristandade espalhando-se por todas as nações. A chefia desse Quinto Império estaria nas mãos do chefe de Estado português. Para tanto, a coroa teria de ser transferida para a América, o que significava fazer do Brasil a sede do reino.

Como sabemos, só um século e meio depois é que a coroa foi transferida, em 1808, deixando o Brasil de ser monarquia no fim do mesmo século, em 1889, já com coroa separada de Portugal. O cálculo profético de Vieira ainda não se concretizou, ou se diluiu na história.

Enquanto Vieira esteve preso pela Inquisição, ocorreu um fato devastador para os que divulgavam premonições ou profecias obtidas por outros meios: a Academia Francesa de Ciências, em 1666, decidiu retirar por completo a Astrologia do rol das ciências, declarando-a mera crendice. A medida era um sinal de que o iluminismo tomava lugar na história, afastando, pouco a pouco, para áreas esquecidas os conhecimentos baseados em religiões e sentimentos.

A ocupação de fazer profecias voltou somente através de práticas que tangenciam o método científico. Na primeira metade do século XIX, o médico escocês James Braid cunhou o termo "hipnose", dando explicação para o fenômeno, numa das buscas por explicar a cura por mesmerização. O mesmerismo é uma corrente que surgiu a partir das práticas do médico austríaco Franz Mesmer, que veio para Paris nos tempos de Luís XVI e Maria Antonieta, obtendo muito sucesso com sua teoria do "magnetismo animal", tendo como clientes inclusive o casal real. Segundo ele, uma pessoa pode curar outra usando seu magnetismo pessoal, através, por exemplo, de imposição das mãos. A Academia Francesa de Medicina classificou o mesmerismo como um tipo de charlatanismo, mas muitos presenciavam curas e tentavam uma explicação aceitável. Uma delas veio a ser o hipnotismo.

Cayce. No século XX talvez o vidente mais notável tenha sido Edgar Cayce. Nascido em Hopkinsville, Kentucky, Estados Unidos, no dia 18 de março de 1877, faleceu a 3 de janeiro de 1945, em Virginia Beach, Estado da Virgínia.

Aos cinco anos de idade Cayce foi derrubado pelo choque de uma bola de beisebol e, levado ao hospital, foi dado como morto. Mas em minutos ele acordou e, aparentemente, estava sem nenhuma sequela, a não ser talvez o dom que se revelou mais tarde, que era o de fazer predições em estado de hipnose.

Completou apenas o ensino médio, parando de estudar para trabalhar.

Seu ofício de vida foi o de fotógrafo, que em fins do século XIX e início do século XX representava um bom ganha-pão, já que poucos possuíam máquina fotográfica e, menos ainda, um laboratório de revelação de negativos e impressão de retratos. Seu primeiro trabalho foi o de vendedor de seguros, mas sofreu uma laringite que o fez perder a voz. Escolheu então a fotografia, que lhe permitia trabalhar sem falar. Pertencia à religião Discípulos de Cristo, da qual tornou-se ministro.

Um dia veio a sua cidade um hipnotizador, conhecido como Hart, garantindo que promovia cura para diversas enfermidades apenas usando o hipnotismo. Cayce quis experimentar e foi hipnotizado, mas continuou mudo. Outro hipnotizador, Al Layne, surgiu depois e, com este, Cayce conseguiu falar durante a sessão hipnótica. Ainda hipnotizado fez o próprio diagnóstico. Curou-se e, por insistência de Al Layne, seguiu repetindo as sessões, nas quais ele apresentaria diagnóstico e cura para outras pessoas. Uma das exigências de Cayce era que esse trabalho teria de ser gratuito.

Além de diagnósticos, passou também a revelar fatos que viriam a ocorrer depois. Ganhou então o apelido de "profeta adormecido". Sempre que ia ser hipnotizado, pedia que gravassem o que ele falasse, de modo que ele mesmo pudesse ouvir depois seu pronunciamento. Ele nunca se lembrava do que era dito durante as sessões.

Há a possibilidade de fazer parte desses produtos da hipnose de Cayce algo similar a sonhos comuns, em meio a visões proféticas e descrições clarividentes. Sigmund Freud, que não acreditava em premonição, entendia, como foi dito acima, que o inconsciente podia ver através das paredes, tamanho é o poder desse nosso aparelho abstrato.

Os que não creem nesse alcance do inconsciente devem refletir sobre um episódio importante da história do século XX. As Brigadas Vermelhas (*Brigate Rosse*), grupo guerrilheiro da Itália, sequestraram em dezembro de 1981 o general brigadeiro James L Dozier, representante do Exército dos Estados Unidos na Otan. Três anos antes esse grupo tinha sequestado e assassinado o ex-premier Aldo Moro. A preocupação das autoridades quanto ao destino do general era, portanto, muito grande e fundamentada. Foram 42 dias de buscas e investigações, sem muito sucesso, até que a esposa do militar, talvez uma admiradora de Edgar Cayce, propôs submeter-se a hipnose, como meio de ajudar nos trabalhos. Os guerrilheiros haviam-na deixado no apartamento, em Pádua, quando levaram seu marido. Na sessão de hipnose ela descreveu o cativeiro do general, que logo foi libertado, com a força-tarefa prendendo todos os membros da célula terrorista que o mantinha preso. Na volta aos Estados Unidos ele recebeu

Stephen Hawking about the end of the world

pessoalmente congratulações do Presidente Ronald Reagan.

Outros seguidores de Cayce obtiveram resultados importantes com base em seu exemplo, desvendando mistérios, sendo o principal deles o diagnóstico de doenças que os exames médicos com equipamentos convencionais não detectaram.

    A mudança do vidente para Virginia Beach ocorreu em 1925, depois que numa sessão de hipnose surgiu a revelação de que areias daquele lugar eram medicinais e que, portanto, deveria haver ali um hospital que utilizasse esse recurso. Para o projeto, ele foi financiado pelo corretor de valores Morton Blumenthall, um entusiasta dos trabalhos do profeta adormecido. Além dos remédios alopáticos indicados pelos médicos aos pacientes, Cayce receitava também hidroterapia, exercícios físicos, massagens e fitoterápicos.

    Tudo ia bem por ali até que se aproximou o ano de 1929. Numa das sessões, Cayce previu a Grande Depressão, resultante da quebradeira geral dos centros financeiros mundo afora, com epicentro em Nova Iorque. Blumenthall, mais à frente, quis saber se não haveria algo a ser feito para reverter a crise. A resposta de Cayce foi de que não haveria mais tempo hábil.

    Blumenthall empobreceu com a queda da Bolsa e o hospital sofreu as consequências da falta de dinheiro. Cayce entregou-se então a investigações esotéricas, sobre vidas passadas e, contrariando o entendimento científico moderno, sobre o valor da astrologia. Para aprofundar essa linha de estudos, em 1931 ele fundou a Associação para Pesquisa e Iluminação (A.R.E. - *Association for Research and Enlightment*), que desde então cuida da documentação referente a seu trabalho e sua trajetória. Essa opção pelo esoterismo levou-o a uma espécie de ostracismo, por mais de uma década. O rumor de que ele foi consultado, em ocasiões distintas, por Thomas Alva Edison e Nikolas Tesla, sobre questões de eletricidade e eletromagnetismo, não tem nenhuma confirmação nos registros de sua fundação, a A.R.E.

    Finalmente, em 1943 ele foi contratado pelo governo para, usando seu poder de clarividência sob hipnose, tentar localizar soldados desaparecidos no campo de batalha. Tendo obtido sucesso em todos os casos solicitados, recuperou seu renome, mantendo-se respeitado até a morte, em 1945.

    Algumas das predições de Cayce eram associadas a datas, mas, como dito acima, sem a visão de uma configuração astronômica ligada ao fato, ou sem a visão de um calendário, arriscar uma data para um acontecimento antecipado numa premonição dificilmente mostra-se como uma informação menos nebulosa que o fato descrito. Entre o que o vidente enxerga e o que ele interpreta quanto ao que viu há uma distância considerável, pois ele fala com a linguagem e os conceitos de seu tempo. Imagine-se um profeta do século XVIII descrevendo uma "fotografia digital". A palavra "fotografia" ainda não fazia sentido, quanto mais o conceito completo e mais avançado, juntando a fotografia com a computação. Para todos os efeitos, o que ele podia dizer é que visualizou um retrato, ou um quadro muitíssimo bem pintado. Isto é, se ele viu o futuro, não teve como transmitir o que vislumbrou.

Nas previsões de Cayce, duas datas, em termos de anos, foram as mais significativas. Segundo ele, uma grande transformação seria iniciada no mundo no ano de 1958, e o processo duraria até 1998. A partir daí, viria uma nova era.

Podemos especular sobre essa mudança iniciada em 1958. Quando Cayce faleceu, o computador de arquitetura Von Neumann estava sendo construído, na Pensilvânia, para ser completado em 1946 (modelo Eniac – *Electronic Numeric Integrator And Computer*) e só na década de 1950 é que ele se tornou um item comercializável, com o modelo Univac (*Universal Automatic Computer*), de 1951. Em 1957 foi lançada no mercado uma linguagem de programação finalmente poderosa e fácil de usar, o Fortran (*Formula Translator*). No ano seguinte, 1958, outra linguagem ainda mais maleável, desenhada para ser ensinada nos cursos de computação, ganhou mundo, o Algol (*Algoritmic Language*). Ainda em 1958 surgiu a segunda geração dos computadores, com máquinas baseadas em transístores, não mais em válvulas, o que reduziu o tamanho dos aparelhos e o gasto de energia. Em 1959 surgiu uma linguagem criada para fins comerciais e bancários, o Cobol (*Common Business Oriented Language*). Desde então, as linguagens lançadas receberam avanços apenas incrementais, até a programação por objeto (janelas), no início da década de 1980, como desenvolvimento da linguagem Simula 67, e, em meados da década de 1990, os códigos para internet.

Em 1998, a grande novidade na tecnologia foi o lançamento do buscador Google, que superou o AltaVista, de 1995, muitíssimo utilizado pelos que se iniciaram na internet ainda no século XX. Com o Google, a prática de pesquisar na internet passou a ser algo popular, e não apenas de aficionados da computação.

Se a visão de Cayce referia-se à computação, o acerto maior da data está no fim do período, 1998, com a popularização da internet, porque o início da computação já estava em curso quando ele morreu. Podemos, abrindo mão da má vontade, considerar que essa revolução foi o computador de segunda geração, um passo que permitiu, décadas depois, que um cidadão comum, e até um pré-adolescente, carregasse um computador no bolso, na forma de um celular inteligente (*smartphone*).

Cayce, porém, disse que após essa grande transformação que o mundo experimentaria, teria lugar o início de mudanças geológicas antes impensáveis, sem relação, deduz-se, com avanços tecnológicos implementados pelos seres humanos. Os polos magnéticos da Terra sairão de sua posição, segundo ele. Isso levará a grandes cataclismos. Regiões antes geladas passarão a ser quentes, e vice-versa. Inundações, terremotos, tornados, vulcões, tudo isso passará a ocorrer com frequência. Países perderão partes consideráveis de seus territórios, que serão submersos. A cidade de Nova Iorque desaparecerá, sendo reconstruída depois em outra área, enquanto que o Japão quase por inteiro será engolido pelas águas do mar. Novos territórios emergirão dos oceanos, inclusive o continente perdido de Atlântida. O grande terremoto da Califórnia, esperado por causa da Falha de San Andrés, finalmente ocorrerá. A América do Sul também sofrerá grandes abalos e a Antártida, descongelada em sua parte norte, mostrará novas terras, com rios correndo sobre elas, perto da Terra do Fogo. Um dos Estados mais seguros da Europa será a Irlanda, que sofrerá abalos muitíssimo menores que a vizinha Inglaterra.

Depois que a Terra estiver finalmente adaptada à nova localização dos polos magnéticos, tudo se acalmará. O planeta não sofrerá mais vulcões, nem furacões, nem terremotos, nem tsunâmis. Talvez aí, algo que ele não disse, nem poderia ter dito, as placas tectônicas fiquem bem encaixadas, sem as falhas e os desníveis que apavoram os terráqueos há décadas, desde que o problema foi detectado e conhecido, a partir da proposição de Harry H. Hess, da Universidade de Princeton, em 1962. É a explicação geológica encontrada para a teoria da "deriva continental", lançada por Alfred Wegener, em 1915, segundo a qual os continentes não estão fixos na crosta terrestre, mas deslizam, vagarosa e permanentemente.

Nesses tempos de bonança, a população da Rússia ensinará ao resto do mundo como viver a fraternidade humana e a verdadeira liberdade, que eles terão desenvolvido lá, não por herança do bolchevismo, mas como resultado de sua cultura.

Cayce, fazendo jus à fama de maior profeta do século XX, não vislumbrava só o presente e o futuro, mas também o passado remoto. A Atlântida, continente que Platão afirmou ter existido a oeste do Estreito de Gibraltar, tendo submergido muitos séculos antes da formação da civilização helênica, aparecia nas visões do profeta adormecido como um lugar que pagou pelos erros de seus próprios habitantes, que avançaram demais em conhecimentos e técnicas, mas não tinham todo o controle das forças que manipulavam. Os atlantes exploravam o poder dos cristais em questões de cura e energia, e dominavam as comunicações telepáticas. Antes da submersão, eles se dividiram em duas correntes antagônicas, uma que pretendia usar os avanços tecnológicos para reatar os laços com a natureza e ajudar-se uns aos outros, enquanto que outra preferia sustentar-se nos bens materiais, sem preocupações humanitárias. Terminaram numa guerra cujo desfecho precipitou o afundamento do continente. Alguns daqueles habitantes usaram sua clarividência para avaliar os riscos e escapar em tempo hábil, elegendo o Egito como seu destino. Eles ensinaram aos egípcios muitos dos conhecimentos que só Atlântida possuía na época.

Sobre as predições, Cayce afirmava, prudentemente, que ninguém poderia explicar com precisão eventos do futuro distante.

Vanga. Vangelia Pandeva Dimitrova, conhecida como Baba Vanga, chamada Vangelia Gushterova depois do casamento, nasceu no Império Otomano, ma cidade de Strumica, hoje pertencente à Macedônia do Norte, no dia 31 de janeiro de 1911, e morreu no dia 11 de agosto de 1996 em Sófia, Bulgária, país que adotou para viver desde jovem.

É considerada uma das maiores videntes do século XX, talvez perdendo em prestígio na área apenas para Edgar Cayce. Como o americano, ela também passou por uma espécie de Experiência de Quase Morte (EQM) na adolescência. Vivendo na Sérvia, para onde seu pai se transferiu, depois de servir na I Grande Guerra e ficar viúvo, ela foi colhida certa vez por um furacão, que a carregou por dois quilômetros. Encontrada por vizinhos, estava com os olhos cheios de areia e não conseguia abri-los, por causa da dor. Sobreviveu ao acidente, mas ficou cega e nunca mais recuperou a visão.

Ainda na Sérvia, ingressou em 1925 numa escola para cegos, na cidade de Zemun, onde aprendeu o alfabeto Braille, além de cavalgar, tocar piano e cozinhar.

Sem a visão através dos olhos, percebeu que possuía o dom da clarividência, enxergando fatos que os outros não conseguiam perceber, incluindo premonições sobre acontecimentos em curto e médio prazos. Seu pai tinha arrumado uma nova esposa, mas esta também morreu, enquanto Vangelia estudava na escola especial. Ela então teve de parar os estudos para voltar à casa e cuidar dos irmãos.

Com os irmãos já crescidos, um dia um deles, Vasil, quis ir a uma festa e ela chorou muito, implorando que ele desistisse, porque algo muito grave ocorreria. Ele não deu atenção e partiu. Foi depois encontrado morto, com o corpo machucado e baleado.

Outra coincidência com Cayce é que ela conseguia fazer diagnósticos corretos e receitar ervas medicinais eficazes a pessoas enfermas que a procuravam. E, durante a II Grande Guerra, visualizava com precisão a localização de soldados desaparecidos. Como resultado da I Grande Guerra, sua cidade natal tinha passado a fazer parte da Bulgária, de modo que ela se tornou oficialmente búlgara. Como reconhecimento por esse trabalho de localizar soldados, no dia 8 de abril de 1943 ela foi visitada pelo imperador búlgaro, o Czar Bóris III.

Estudiosos de assuntos paranormais escreveram que ela previu, entre outros fatos, a II Guerra Mundial, a queda da União Soviética e o desastre nuclear de Chernobil.

Em 1994 ela vaticinou que a partida final do Mundial de Futebol seria disputada entre dois times com inicial "B". De imediato, deduziram que seriam Brasil e Bulgária, e os búlgaros começaram a comemorar antecipadamente. Mas ela acertou apenas metade da previsão, pois a final foi entre Brasil e Itália, com vitória do primeiro, nos pênaltis.

Foi divulgado insistentemente pela internet no início do século XXI que ela previra a III Guerra Mundial, iniciada com o uso de artefatos nucleares, como datada para o ano de 2010, com duração de três ou quatro anos. Como nada parecido aconteceu, parentes e amigos próximos foram consultados na Bulgária. A resposta foi que ela não fez tais previsões.

Circulam hoje enormes calendários com previsões de Baba Vanga ano a ano, até o ano de 5079, quando se daria o fim do mundo e do universo. Essas profecias todas são, porém, tão válidas quanto a eclosão da III Guerra Mundial em 2010. São apenas invenções de brincalhões.

Cap. 7 – Dificuldades na aplicação da ciência

Fórmulas. Stephen Hawking fez prognósticos com base na ciência de seu tempo, assim como Roger Bacon também fez em sua época. Quando usamos a ciência para predizer um resultado cujos caminhos já conhecemos, há uma quase certeza de que não estamos mentindo. Na mão de alguém que sabe riscar um fósforo, podemos garantir com 100% de certeza, menos um épsilon quase desprezível de possibilidade de falha, que se ele riscar, produzirá fogo. Se nossos cálculos estiverem corretos, é quase certo que nossas fórmulas funcionarão pela primeira vez. Foi o que ocorreu com Roger Bacon quando ele criou sua fórmula europeia da pólvora. A ideia era que, inflamada, ela faria o fogo propagar-se em fogaréu. Se a primeira tentativa falhou, por erro na fórmula, isso ele não relatou, mas, se houve erro, foi apenas porque o cálculo estava incorreto anteriormente.

Alturas. Quando se trata de aplicar a ciência em empreendimento tecnológico que envolve muitas variáveis, dificilmente acertamos tudo, para obter o resultado esperado na primeira tentativa. Por isso é que os russos, antes de enviar o aeronauta Yúri Gagárin para circunavegar a Terra pelo espaço sideral, enviaram a cadela Laika, que, aliás, morreu durante a missão. Gagárin também morreu em voo, mas pilotando seu avião em atividade militar regular, não acima da atmosfera, e só recentemente, já no século XXI, constatou-se que a causa foi despressurização.

Vidro. Instigado por uma patente que foi registrada nos Estados Unidos em 1902 – nesse país permite-se registrar patente apenas com a descrição do produto, sem apresentação do protótipo -, Alaistair Pilkington iniciou na Inglaterra em 1953 a produção de vidro flotado, que seria uma forma muito barata de obter o vidro plano diretamente do forno, a partir do vidro líquido. Esse vidro líquido seria despejado sobre uma camada de estanho e, com o resfriamento, surgiria totalmente plano e liso. Ele investiu quase todo o capital da família nessa renovação, que tiraria a indústria vidreira de um processo que vinha desde o Antigo Egito. Ora, a primeira tentativa foi um fracasso. Perdeu-se todo o vidro utilizado no teste, pois ele não se soltou do estanho. Só após muitos ajustes, levados a efeito por Pilkington e seu sócio Kenneth Bickerstaff, é que o projeto funcionou, quatro anos depois, com muito suor derramado e muitas noites de sono perdidas.

Stephen Hawking about the end of the world

Álcool. Outro caso parecido ocorreu com o uso do álcool combustível nos automóveis. Com a Crise do Petróleo, de 1973, o governo brasileiro decidiu financiar estudos para introdução do etanol de cana-de-açúcar como substituto da gasolina. Em 1975 foi lançado o programa governamental chamado Proálcool, que amparou o físico José Walter Bautista Vidal e o engenheiro Urbano Ernesto Stumpf no desenvolvimento do motor a álcool para carros. Estiveram envolvidos no programa durante anos o Instituto de Pesquisas Tecnológicas (IPT), a Faculdade de Economia e Administração da Universidade de São Paulo (FEA-USP), a Escola Politécnica da Universidade São Paulo e outras instituições universitárias, porque havia necessidade de criar uma nova base energética, espalhada pelo Brasil. Quando foram lançados os primeiros carros, funcionando apenas com álcool, tudo parecia ir bem, mas meses depois veio o inverno. Os motores não pegavam. Alguns funcionavam depois de meia hora de tentativas, outros não giravam. De imediato foi desenvolvido um sistema que usava gasolina para a ignição, o que contornou o problema. A ironia é que foi divulgado, algum tempo depois, que Henry Ford havia patenteado o motor a álcool, nos Estados Unidos, 70 anos antes, tendo preferido trabalhar com o motor a gasolina. Talvez ele tenha visto a dificuldade de uso do álcool, para chegar àquela preferência. E uma das dificuldades, além da questão do funcionamento, era a baixa oferta do produto.

Computação. São inúmeros os exemplos mostrando que, ao aplicar na prática pela primeira vez um novo conceito científico, constata-se em seguida que algum item foi esquecido ou que algum cálculo estava errado. Mais penoso ainda é quando um elemento essencial para a concretização do produto ainda não foi alcançado, como ocorreu na história do computador.

Em 1833, após completar a montagem de seu Engenho de Diferenças, uma calculadora muito poderosa iniciada em 1922, o industrial inglês Charles Babbage projetou o avô dos computadores modernos, a Máquina Analítica, com todas as componentes dessas máquinas, incluindo uma impressora como unidade de saída. As calculadoras que Babbage produzia em sua fábrica, realizando operações de adição, subtração, multiplicação e divisão, eram uma invenção de Leibniz, que aperfeiçoou a máquina de calcular de Pascal, que apenas somava e subtraía. Como empresário respeitado, Babbage conseguiu financiamento do governo, e manteve-se durante anos no trabalho de construir sua grande máquina. Em 1871, ano de sua morte, é que uma parte do aparelho foi apresentado, com algum funcionamento, não muito distante do que já fazia o Engenho de

Diferenças. O grande ganho nessa trajetória foi que sua pupila e admiradora, Ada Byron, condessa de Lovelace, desenvolveu os passos para fazer a máquina obedecer ao programador, i. e., ao indivíduo que a alimentaria de dados, caso ela fosse construída conforme o plano original. Essa mulher, filha do poeta Lord Byron, morta por câncer de útero aos 36 anos de idade, é considerada a inventora da programação de computadores.

Faltaram a Babbage dois avanços científicos centrais na construção do computador. Um já estava disponível, que era a Aritmética Binária, criada por Leibniz. Tanto Leibniz quanto ele usavam a Aritmética Decimal em suas máquinas. O outro grande avanço só veio em 1886: a concepção de fazer circuitos elétricos ou eletrônicos responder aos conectivos da Álgebra de Boole, que são o OU, o E, o NÃO, o OU exclusivo, e assim por diante. Com esse recurso é que o computador poderia tomar decisões, como estava na intenção de Charles Babbage e de Ada Byron. Foi Charles Sanders Peirce, filho do matemático Benjamin Peirce, nos Estados Unidos, que publicou um artigo trazendo essa inovação. Ele, porém, escreveu que não conseguia vislumbrar em que tipo de atividade sua descoberta poderia ser utilizada. Coube depois a Claude Elwood Shannon, então professor de Engenharia Elétrica do MIT (Massachussetts Institute of Technology), apresentar em 1937 sua dissertação de mestrado sobre aplicações da Lógica, apontando o caminho para seu uso nos computadores. Naquela altura, a máquina de Herman Hollerith, lançada em 1896, que processava informações a partir da leitura de cartões perfurados, desenvolvida a partir das invenções de Babbage, já se alastrava no mercado nos Estados Unidos, vendidas pela empresa de Hollerith, a Computing Tabulating Recording Corporation, que mais tarde mudaria o nome para IBM (International Business Machines).

Se uma perna era o uso eletrônico da Lógica Aristotélica, também chamada Lógica Binária, transformada em Álgebra por George Boole, em 1847, a outra estava na Aritmética Binária, de Leibniz, e quem a aplicou pela primeira vez num computador foi o engenheiro alemão Konrad Zuse, que trabalhava para a Ford em seu país. Em 1934 ele iniciou a construção de sua máquina, que ele chamou de Z1, e era menor que um piano de cauda. Era ainda a presidência de Hindenburg, mas logo veio a morte dele e Hitler se tornou chefe absoluto. Zuse tentou financiamento para comercializar sua máquina e não logrou sucesso. Mesmo assim construiu depois as máquinas sucessoras daquela, a Z2, a Z3 e a Z4. Com o trabalho teórico de Claude Shannon e a máquina do engenheiro Zuse, os professores J. Presper Eckert e John Mauchly completaram na Universidade da Pensilvânia em 1946 o computador Eniac, o primeiro de arquitetura Von Neumann, que é a que usamos hoje inclusive nos celulares intelitentes. Chama-se arquitetura Von Neumann porque foi o engenheiro húngaro John Von Neumann que publicou, pouco antes, nos Estados Unidos, o conceito do computador moderno.

Vemos que aquilo que nós enxergamos à nossa frente quando de posse de conceitos científicos recentes que pretendemos aplicar dificilmente ocorre sem desvios, tropeços e atrasos. Achamos que já temos tudo para visualizar os fatos como eles ocorrerão, mas isso é só uma ilusão. Sim, a ciência nos dá garantias, mas precisamos percorrer o caminho para saber que nossas previsões são quase sempre nebulosas. Se é assim com a ciência, com a futurologia dos profetas o trigo é muito mais difícil de visualizar que o joio.

Cap. 8 – Fenômenos físicos importantes

Fundamentos. A Física, hoje uma ciência independente, era, até meados do século XIX, a parte da Matemática que se ocupava do estudo da natureza inorgânica, através da Cinemática, da Dinâmica, da Eletricidade, da Hidrologia, da Termologia, da Mecânica Ondulatória, da Acústica e de outras áreas correlatas. Assim, quando os antigos falavam da importância da Matemática para entender o mundo, a abrangência da ideia era maior do que é hoje, pois o pensamento primeiro aí era na Física. O valor da Matemática não diminuiu por isso, pois ela cresceu demais e teve de ocupar-se apenas com o campo que agora é chamado de "Matemática Pura", que não trata de situações que envolvem o tempo, mas alguém que queira aprofundar-se no estudo da natureza deve hoje escolher não a Matemática, mas a Física, embora esta não possa prescindir da base matemática.

Para dar início à discussão do tema vamos primeiro percorrer rapidamente o universo da Dinâmica, através de suas três leis básicas, definidas no livro *Principia* (Philosophiae Naturalis Principia Mathematica - Princípios Matemáticos de Filosofia Natural), de Isaac Newton, publicado em 5 de julho de 1686. Nessas leis, Newton partiu do Princípio da Inércia, de Galileu, e acrescentou dois novos. As três leis são as seguintes. I) Primeira Lei ou Princípio da Inércia: Um corpo em repouso tende a manter-se em repouso, e um corpo em movimento tende a permanecer em movimento. II) Segunda Lei ou Princípio Fundamental: A força é diretamente proporcional ao produto da aceleração do corpo pela sua massa, i. e., força (**F**) é igual a massa (**m**) multiplicada pela aceleração (**a**). III) Terceira Lei ou Princípio de Ação e Reação: Para toda força de ação existe uma reação, com igual intensidade, mas em sentido contrário.

A Terceira Lei é a mais conhecida e citada, porque muitos imaginam que já descobriram como aplicá-la em situações abertas, em que atuam muitas variáveis, como é o caso dos fatos sociais. É preciso levar em conta que na Mecânica Newtoniana tem-se uma situação de *Ceteris Paribus* ("tudo o mais constante"), que é o que nos permite fazer as medidas necessárias para os cálculos.

De todo modo, é confortável conhecer e entender alguns fenômenos físicos centrais, para que possamos ter ideia de que caminho o mundo está tomando. São fenômenos absolutamente naturais, mas que podem, em grande parte dos casos, ser ativados pela mão humana.

Stephen Hawking about the end of the world

Convecção. A primeira dessas ações que vamos analisar é a *convecção*, que tem relação muito próxima com o aquecimento global. Se o leitor já o estudou bem, talvez aqui encontre um novo aspecto da questão, e pode ter, além disso, a oportunidade de recordar o tema.

A convecção é uma das três formas de transferência de calor. As outras duas são *radiação* e *condução*. A convecção define-se como o transporte de calor entre duas regiões de um recipiente, ou de um ambiente, através de um fluido (líquido, gás ou plasma), da parte mais quente para a mais fria, ou vice-versa.

Todos sabem que se tentamos aquecer água numa panela sem tampa gastaremos mais tempo que numa panela tampada. Nos dois casos há convecção, mas na panela tampada controlamos o fluxo de calor dentro de um volume menor, o que faz com que as transferências deem-se também em intervalos de tempos menores. A região que primeiro recebeu calor, embaixo, transfere o calor recebido para a região mais acima, que está fria, e quando essa massa mais fria cai embaixo ela é aquecida e empurrada para cima, repetindo-se esse movimento até que a temperatura do líquido passe pelo ponto de ebulição, e continue aumentando.

Se queremos acender fogo rapidamente, o método mais apropriado é o de criar uma região oca no meio do carvão, ou no meio da madeira, e, levando a chama a pedaços de papel ou outro material de fácil combustão, dentro desse oco, esperar que a convecção cuide do resto. Por exemplo, com carvão vegetal, embrulhamos uma garrafa com jornal velho e dispomos o carvão em volta dela. Em seguida, retiramos a garrafa deixando embaixo o cilindro formado pelo jornal, envolvido pelo carvão. Ascendemos agora o papel e em menos de um minuto o carvão estará em brasas.

Na atmosfera terrestre a transferência de calor por convecção ocorre continuamente. Todos sabemos que a radiação térmica que vem do Sol, que está a uma temperatura de aproximadamente 6.300°C, aquece superfícies sólidas com maior intensidade que regiões líquidas ou gasosas. E a superfície da água retém mais calor que o ar atmosférico. Diz-se que sob sol muito quente é possível fritar o ovo na superfície de uma pedra. Assim, a superfície do solo e do oceano transmite calor através do vapor d'água que vaga pela atmosfera, principalmente sobre os mares. O calor sobe e o vapor d'água forma as nuvens, que podem se elevar a uma altura de até 14 km. No alto, em comparação com a temperatura na parte mais baixo, ela sofre 7repentino resfriamento. Dependendo dos ventos, que também agem de acordo com a convecção, o resfriamento pode levar as nuvens a se precipitar como gotas d'água ou como bolotas de gelo, que são o granizo.

Se a ação humana é suficiente para alterar o fluxo de calor na atmosfera, automaticamente interferimos no volume e na frequência das chuvas.

A transferência de calor por radiação, a radiação térmica, ocorre pelas ondas eletromagnéticas que todos os corpos emitem. Quanto à transferência por condução, funciona através de contato direto entre dois corpos com temperaturas diferentes.

A quantidade de calor **Q** transferida, por intervalo de tempo **t**, é dada pela fórmula do resfriamento, de Isaac Newton, que iguala a razão dQ/dt à expressão $h*A(T_s-T_i)$, sendo **h** o coeficiente de resfriamento, **A** a área em contato com o fluido, **T**s a temperatura da parte superior do recipiente e **T**i a temperatura da parte inferior (a letra d antes de Q e t significa diferença infinitesimal, ou diferencial). Calor (Q) e temperatura (T) são entes distintos, como se vê na fórmula. Calor é uma das formas de energia, enquanto que temperatura é a medida da propriedade de aquecimento ou resfriamento de um corpo. No Sistema Internacional de Unidades, o calor é medido em joules (J) e a temperatura é dada em graus Celsius (°C).

Dissipação. A Segunda Lei da Termodinâmica nos garante que nenhuma máquina térmica poderá aproveitar 100% da energia fornecida a ela.Sempre haverá alguma perda, que chamamos *dissipação*. A parte aproveitada é chamada *rendimento*.

Se não existisse essa limitação, talvez o problema do aquecimento global fosse visto como um tesouro para a indústria, já que teríamos energia térmica em volume gigantesco para utilizar, sem perder nada. Ocorre que se alguém descobrisse essa máquina com 100% de rendimento estaria criando o "moto contínuo", o que a Segunda Lei diz ser impossível.

A rigor, todo sistema dinâmico, isto é, todo sistema que evolui no tempo, sofre dissipação de energia. Independentemente da forma de energia que use, a parcela não utilizada é dissipada na forma de calor. Por exemplo, uma pedra que rola ladeira abaixo, movida apenas por energia mecânica, perderá aceleração ao atingir a parte horizontal da trajetória, e diminuirá sua aceleração até parar. Ela para por ação da fricção, contrária ao sentido da força que a arrastava até ali, e na fricção há perda de energia, que é calor e nada mais. Uma lâmpada de filamento acesa funciona apresentando energia luminosa, mas grande parte dessa energia é dissipada, aquecendo o ambiente. Também uma bateria, de que demandamos eletricidade através de sua energia química, produz aquecimento, como resultado de seu uso.

Stephen Hawking about the end of the world

Às três Leis da Termodinâmica, que surgiram da obra do teórico francês Sadi Carnot, de 1824, sobre máquinas térmicas, acrescentou-se uma Lei Zero, que diz o seguinte: Se dois sistemas estão em equilíbrio térmico em relação a um terceiro (um termômetro a uma dada medida, por exemplo), então eles estão em equilíbrio térmico entre si.

As outras três leis têm as formulações que vêm a seguir. I) Um sistema isolado pode trocar energia com o ambiente ao redor, em forma de trabalho e de calor, e acumular energia interna. II) É impossível existir um processo cujo resultado único seja a transferência de calor de um corpo de menor temperatura para um de maior temperatura, do que se deduz que a entropia (grau de desorganização) do universo sempre tende a aumentar. III) A entropia de um sistema tende a um valor máximo constante, assim como a temperatura tende ao zero absoluto (-273,15°C). O conceito de entropia foi apresentado na década de 1850 por Rudolf Clausius, físico alemão, e sua descrição matemática, em termos de probabilidades, foi fornecida em 1877 por Ludwig Boltzman, austríaco. Entropia, que em grego significa "transformação", mede a irreversibilidade dos sistemas dinâmicos.

Dilatação. Um conceito muito caro aos engenheiros, principalmente aos engenheiros civis, é o de dilatação térmica, nome que se dá ao aumento de volume dos corpos em decorrência de aumento de sua temperatura. Ao construir uma ponte ou um grande edifício, o engenheiro deve projetar algumas folgas, vãos entre partes componentes da estrutura, com as medidas necessárias à expansão do material de acordo com o aquecimento a que possa estar submetido.

A dilatação ocorre no corpo aquecido porque aumentam a intensidade e a frequência das vibrações de suas partículas, o que acarreta necessidade de maior espaço. No caso dos fluidos, como gases e líquidos, há uma tendência à fuga de parte da substância, como no caso do leite quando no fogão atinge o ponto de ebulição. Se não estamos por perto para baixar o fogo em tempo hábil, certamente perderemos uma porção do produto.

A dilatação térmica ocorre sempre nas três dimensões espaciais do corpo, i. e., em largura, comprimento e altura. No caso dos sólidos, é possível calcular quanto haverá de aumento para cada dimensão, a partir do coeficiente de dilatação da substância em questão. O coeficiente de dilatação linear é o aumento médio, em comprimento, que a substância apresenta para cada aumento de 1°C em sua temperatura. O coeficiente de dilatação superficial é simplesmente o dobro da linear, enquanto que o de dilatação volumétrica é o triplo.

O coeficiente linear do ferro, por exemplo, é de 0,000012/1°C. Isto significa que se a barra de ferro estiver medida em centímetros, para cada grau Celsius de aquecimento a barra aumentará em 0,000012 cm. Outros coeficientes muito usados são o do ouro, de 0,000014/1°C, e o do chumbo, de 0,000029/1°C.

Após sofrer certo aquecimento, o comprimento L de um sólido é dado por $L_o(1+\alpha*\Delta T)$, quer dizer, o novo tamanho é o comprimento inicial L_o (multiplicado por 1) somado ao produto desse comprimento pelo coeficiente α e pela variação de temperatura ΔT. Se queremos calcular a variação cúbica, adaptamos a fórmula, substituindo L de comprimento por V de volume e α de dilatação linear por γ (gama) de dilatação volumétrica, ou cúbica. Para aumento em área trocamos L por S e α por β.

Para os líquidos, os cálculos em geral são feitos para dilatação volumétrica, já que não faz muito sentido falar-se, por exemplo, em um metro linear ou um metro quadrado de água.

A água, que é a preocupação maior quando se trata de aquecimento global, tem coeficiente de dilatação volumétrica de 0,00021/1°C, o que significa que se considerássemos a dilatação linear o coeficiente seria 0,00007/1°C, aproximadamente um quarto da dilatação do chumbo. Temos de levar em conta também o chamado "comportamento anômalo da água", segundo o qual, por observações experimentais, entre 0°C e 4°C o volume diminui, em vez de aumentar como ocorre com as outras substâncias. A maior densidade da água ocorre, portanto, à temperatura de 4°C, a partir da qual ela diminui e o volume volta a aumentar.

Uma tragédia monstruosa por aquecimento da água oceânica ocorreria se esse aquecimento ocorresse a partir do fundo dos mares, pois, nesse caso, a convecção aqueceria igualmente toda a massa de água e seu volume aumentaria globalmente, inundando e destruindo as cidades litorâneas mundo afora. Felizmente, não é o que se espera. Temos de continuar vigilantes em relação ao aquecimento do ar atmosférico, pois ele se faz, no caso antropogênico, a partir da superfície da Terra, de baixo para cima.

Sobre dilatação e compressão do ar, não podemos deixar de mencionar a figura de Ctesíbio, nascido em 285 a.C. e falecido em 222 a.C., líder da Escola de Mecânica de Alexandria, também chamada Escola de Mecânicos, o que dilui um pouco seu significado, ou Escola de Engenheiros, o que antecipa indevidamente o advento da Engenharia na história (a primeira escola de Engenharia é a Escola de Pontes e Estradas, de Paris, de 1747, que se tornou depois Escola Politécnica). Ctesíbio, que criou o primeiro salão de cabeleireiros da história e ali trabalhou como barbeiro (uns dizem que a barbearia era do pai dele), foi um dos maiores inventores da Antiguidade, mas com muito pequeno reconhecimento. Entre suas criações estão a clepsidra, relógio hidráulico com ponteiro, a bomba de pressão, ou bomba aspirante, e também o instrumento musical conhecido como órgão hidráulico de tubo. Sua descoberta do papel motor do ar comprimido representou para a Antiguidade uma revolução quase tão grande como foi a do uso da eletricidade nos tempos modernos.

Devemos notar, no entanto, que o mecanismo da compressão do ar era baseado no uso da pressão, não no do resfriamento ou aquecimento, embora o papel da temperatura na dilatação dos fluidos fosse também conhecido pelos alexandrinos. Um êmbolo, em movimento num tubo de ar, ou numa seringa, produz variação tanto na pressão como na temperatura do fluido, de modo que as duas medidas estão matematicamente relacionadas.

Um dos sucessores de Ctesíbio na Escola de Mecânica, Heron, que viveu de 10 d.C. a 70 d.C., é responsável por cerca de 80 inventos baseados no ar comprimido, na pressão hidráulica ou, ainda, na força do vapor, como a eolípila, que criou inspirado em ideia de Vitrúvio.

Um dos inventos famosos de Heron foi um mecanismo para abrir automaticamente a porta do templo, muitíssimo antes da aplicação do efeito fotoelétrico para abrir portas no século XX. O sacerdote acendia uma fogueira, que aquecia um depósito que continha água, e esta, aumentando a pressão do ar, fazia desprender-se um peso amarrado a uma corda, que puxava a porta. Entre muitos inventos de Heron que serviam para diversão, como um teatro automático de marionetes, ou pássaros mecânicos que cantavam sozinhos, estavam também vários produtos utilitários, como uma bomba de apagar incêndios.

Ressonância. Os estudiosos da Antiguidade não chegaram a decifrar o mecanismo da ressonância, mas por alguns relatos percebe-se que o poder de sua ação era conhecido aqui ou ali. Para os físicos, trata-se apenas de "ressonância", mas atualmente estabeleceu-se a nomenclatura "ressonância mecânica", para distinguí-la de alguns de seus muitos desdobramentos, como a ressonância magnética, a ressonância óptica, a ressonância molecular, a ressonância orbital astronômica, e outras.

A ressonância é um fenômeno estudado dentro do tema Ondulatória, pois ocorre como uma manifestação de frequências, amplitudes e comprimento de ondas. O nome faz referência a um dos tipos de onda, que é a onda sonora, ou acústica. Pensemos em duas pessoas lado a lado sacudindo ritmadamente cada uma delas uma corda esticada à frente. As duas cordas tendem a formar pulsos de ondas. Se esses pulsos, contando entre pico e vale de cada um, tiverem comprimentos iguais (comprimentos de onda) e discordarem em seu movimento, estando no vale a onda de uma corda no momento em que a onda da outra, à mesma distância da mão do ativador, estiver no pico, teremos aí um caso de destruição de ondas, supondo que elas possam atuar unidas. Dizemos que há uma interferência destrutiva. Um pulso obviamente anularia o pulso correspondente da outra corda, já que quando um tenta subir o outro tenta descer. Agora imaginemos que picos e vales de uma corda coincidam com picos e vales da outra, nas distâncias correspondentes. Se pudermos unir os dois movimentos em um só, o que observaremos será um aumento na amplitude (medida da altura observada entre o vale e o pico), até mesmo uma duplicação, se outras forças não interferirem. Temos aí uma interferência construtiva. Esse aumento da altura das ondas quando se somam é o que chamamos de ressonância.

A velocidade **v** do pulso da onda é o valor de λ (lambda), comprimento de onda, dividido pelo período **T**, que é o tempo gasto pelo pulso para percorrer esse comprimento. Como a frequência **f** é o inverso do período, temos que a velocidade **v** é dada pelo produto $\lambda * f$.

Todo sistema tem uma frequência natural de oscilação. Se vamos unir dois sistemas distintos, temos de verificar se as frequências não coincidirão, ou poderemos causar grandes estragos. Cada tipo de solo em que vamos construir uma casa, por exemplo, tem sua frequência natural. O engenheiro deve conhecê-la, antes de projetar o imóvel. Numa estrada em que muitos caminhões transitam, o solo tem sua frequência natural adaptada ao contato com os caminhões quando eles passam sobre ele. Neste caso, não basta levar em conta apenas a frequência natural do solo, mas também a frequência adaptada do conjunto solo mais caminhões. A trepidação do terreno, que podemos sentir em nossos pés, ou em nossas mãos, pode ativar interferência construtiva nas ondas de frequências coincidentes em alguma construção ao lado da estrada, derrubando-a, com risco maior para obras recentes. O abalo que vem dessa situação é chamado de "fluttering" (agitação cadenciada), que muitos negam ser caso de ressonância. No entanto, trata-se apenas de um caso especial do fenômeno.

É conhecido o caso de cantoras que ajustam sua voz de soprano para quebrar cristais. Isso ocorre quando a cantora consegue fazer coincidir a frequência de sua voz com a do objeto.

Na Antiguidade, é relatado no Livro de Josué, da Bíblia, o caso das "trombetas de Jericó", do ano 1400 a.C., em que os israelitas foram orientados a tocar trombetas e gritar para fazer a muralha cair, no que obtiveram sucesso.

Stephen Hawking about the end of the world

No século XX, o fato mais divulgado sobre o assunto foi a queda da Ponte de Tacoma, no Estado de Washington, Estados Unidos. Inaugurada no dia 1º de julho de 1940, meses depois essa ponte suspensa começou a balançar. No dia 7 de novembro do mesmo ano ela desabou. Desde então usada nos livros didáticos como exemplo de desastre por ressonância, nos últimos tempos especialistas têm questionado a interpretação, explicando que a trepidação foi provocada pelos ventos, o que produziu o "fluttering". Os ventos, certamente, podem ter ajudado a ponte a entrar em ressonância com o ambiente. Foi também o que ocorreu numa igreja evangélica recém-inaugurada em 1998, em Osasco, Brasil. Em dado dia os fiéis decidiram acompanhar os hinos batendo ritmadamente com os pés no assoalho, e o teto do prédio veio abaixo. Neste caso não foi o vento, mas as pancadas de pés que ajudaram a ressonância a entrar em ação.

Há um relato que entra na conta de lenda, mas que pode ser verdadeiro, sobre a travessia das tropas de Napoleão sobre uma ponte. Marchando ritmadamente, as tropas fizeram a ponte sacudir e pouco depois desabar. Desde esse dia, toda travessia de ponte passou a ser feita com os soldados marchando em passos desencontrados. Nada mais de ritmo!

O grande inventor Nikola Tesla, cujas criações mais conhecidas são a lâmpada de neon e o rádio (que não é mais atribuído a Marconi), garantia que tinha inventado em 1898 uma máquina de produzir terremotos. Era um aparelho que detectava a oscilação natural de um corpo e passava a vibrar na mesma frequência. Fazendo barras de metal entrar em ressonância em seu laboratório, assustou vizinhos, que chamaram a polícia. Tesla então pegou um martelo e destruiu a máquina. Não há comprovação de que Tesla tenha construído mesmo essa máquina, mas a história não é inverossímil. Os pesquisadores não acreditam, no entanto, que o aparelho fosse capaz de partir a Terra em dois pedaços, "como uma maçã", segundo o que Tesla dizia.

Grandes desastres naturais podem ter acontecido em decorrência de ressonância. E não é impensável que algum tiranete convoque seus cientistas para criar uma poderosa arma baseada nesse princípio.

A ressonância magnética, usada nos hospitais, tem salvado a vida de muita gente. Mas não devemos esquecer que a ressonância em si é um recurso que pode carregar um grande poder de destruição, talvez maior que o poder das bombas nucleares, embora não se conheçam ainda os modos de manipulá-lo.

Radioatividade. Desde as explosões atômicas no Japão em agosto de 1945, determinadas pelo Pentágono, o Estado Maior dos Estados Unidos, a radioatividade passou a ser o fenômeno físico mais amedrontador entre todos aqueles que podem ser manipulados pela mão humana. Para completar o quadro, tivemos o desastre da Central Nuclear de Chernobil, Ucrânia, em 26 de abril de 1986, por duas explosões em um gerador provocadas por superaquecimento do combustível. Este é considerado o maior acidente nuclear da história, o que deve servir de trágica lição para que nenhum outro venha a ocorrer naquelas dimensões. Tanto é assim que o segundo mais grave acidente nessa linha, o da Central Nuclear de Fukushima I, no Japão, de 11 de março de 2011, devido a vazamento provocado por um forte terremoto, teve número de vítimas muito reduzido, em comparação com o do acidente da Ucrânia, por estar o poder público do Japão altamente aparelhado para minimizar os danos advindos de uma tal ocorrência.

No acidente de Chernobil as vítimas imediatas, num total de 31 mortos, foram os funcionários da usina, seguidos dos primeiros bombeiros a chegar, que sofreram forte contaminação e logo morreram. Seus corpos, em caixões de cimento, estão sepultados em Moscou, já que naquele tempo a Ucrânia pertencia à União Soviética, que tinha Moscou como capital. Ao menos 600 mil pessoas foram afetadas pelas radiações, não só na Ucrânia, mas também nas vizinhas Belarus e Rússia. Muitos dos atingidos foram enviados a Cuba, para fazer tratamento de pele, por ter esse país desenvolvido métodos eficientes nesse tema. Das muitas pessoas que foram morrendo nos anos seguintes, por câncer ou outras enfermidades, é impossível saber quantas e quais chegaram ao óbito por causa do desastre.

Uma das consequências do desastre de Chernobil foi a desaceleração do investimento em novas usinas nucleares de fissão em várias partes do mundo. Por maiores que sejam as precauções na montagem e no funcionamento das centrais, os riscos são grandes demais para não se dar ouvidos a vozes que defendem outras formas de geração de energia, mesmo que mais caras. Se há uma república teocrática (Irã) e uma ditadura familiar (Coreia do Norte) insistindo na expansão nuclear, isso apenas mostra que a espécie humana ainda está longe de fazer a razão prevalecer em todos os rincões.

A própria descoberta da radioatividade, em 1896, foi acidental, ainda que sem tragédia. O físico Antoine Henri Becquerel vinha estudando em seu laboratório de Paris a fluorescência do sulfato duplo de urânio e potássio. Em determinado momento ele notou que o urânio emitia uma radiação misteriosa, não esperada.

Em 1895 o engenheiro alemão Wilhelm Conrad Roentgen fazia

experiências com luzes fluorescentes produzidas por elétrons, fazendo-as incidir numa placa metálica. Certo dia percebeu que a luminescência atingia a placa mesmo quando teoricamente os elétrons não a podiam alcançar. Interpôs uma tela entre o tubo que emitia elétrons e a placa de metal e viu que ainda assim a luminescência chegava à placa. Colocou então a própria mão e viu o esqueleto dela refletido na placa,, descobrindo então a descarga de elétrons que, por falta de outro nome, chamou de raios-X.

O urânio havia sido descoberto em 1789, pelo pesquisador alemão Martin Heinrich Klaproth, que o extraiu como um pó negro do mineral conhecido como plechblenda. Batizou esse novo elemento em homenagem ao planeta Urano, recém-descoberto. Em 1818, o químico sueco Joens Jakob Berzelius extraiu do minério torita outro novo elemento, o tório. Eles não desconfiaram que esses elementos tivessem essa propriedade da radiação, que Becquerel viria a descobrir.

O que Becquerel percebeu é que aquele sal de urânio e potássio deixava manchas numa chapa fotográfica embrulhada em papel preto, como se tivesse havido uma descarga de raios-X. Viu que quando aumentava a quantidade de urânio, a impressão fotográfica aumentava. Percebeu que o fenômeno não era químico, mas puramente físico, e deu a ele o nome de "emanações urânicas".

O casal Pierre e Marie Curie, colegas próximos de Becquerel, assim que viram a publicação deste sobre a descoberta feita sobre o urânio, decidiram aprofundar investigações nesse campo. Em pouco tempo, Marie Curie descobriu que o tório também emitia as tais "emanações". Em 1898, estudando a plechblenda, ela notou que mesmo após a extração do urânio contido nela, as "emanações" continuavam. Então ela e Pierre isolaram mais um elemento daquele mineral, e deram a ele o nome de "polônio", em homenagem à Polônia, país de origem de Marie. Naquele mesmo ano, ela notou que após extrair o urânio e o polônio da plechblenda, ainda restava algum material que produzia "emanações". Extraiu então mais um elemento, o "rádio". Estava então consolidado o nome "radiação" para essa atividade estranha desses elementos, e esse campo de estudo passou a ser chamado de Radioatividade.

Cinco anos depois, em 1903, Becquerel, Pierre Curie e Marie Curie compartilharam o Prêmio Nobel de Física por aquelas descobertas e o desenvolvimento desse novo campo de pesquisas.

Em 1906 Pierre Curie morreu de um acidente em que foi atropelado por uma carruagem. Madame Curie, sua esposa, tornou-se então sua sucessora na cátedra que ele vinha ocupando na Sorbonne, hoje Universidade de Paris VI. Ela foi a primeira mulher a receber uma cátedra de ciência naquela instituição. Em 1910 publicou suas pesquisas no livro *Tratado da Radioatividade*, e pouco tempo depois foi laureada com outro Prêmio Nobel, desta vez de Química.

A filha primogênita do casal Curie seguiu a carreira dos pais, continuando as pesquisas sobre radioatividade. No terceiro ano de sua graduação em Física e Matemática na Sorbone eclodiu a I Grande Guerra e ela interrompeu os estudos para ajudar a mãe como enfermeira radiológica na frente de batalha. Retomou os estudos depois da guerra e realizou seu doutorado sem dificuldades, pois era excepcionalmente talentosa. Depois de publicar estudo sobre raios alfa do polônio, começou a namorar Frédéric Joliot, de quem era instrutora de laboratório.

Irene e Frédéric se casaram e a partir de então suas pesquisas foram sempre em parceria. Em 1935 ganharam o Prêmio Nobel de Química, pela descoberta dos radioisótopos artificiais, através do bombardeamento com partículas alfa de núcleos de elementos como magnésio e boro. Em suas pesquisas obtiveram mais de 400 radioisótopos novos. Um isótopo é um elemento que ocupa o mesmo lugar da tabela (isótopo = "mesmo lugar") que um elemento dado, mas com núcleo alterado, com quantidade diferente de nêutrons e, portanto, com massa distinta daquela do elemento original. Por exemplo, acrescentando nêutrons ao núcleo do alumínio, tem-se um novo isótopo do mesmo elemento alumínio. Um radioisótopo é, obviamente, um isótopo que se obtém por radiação. O nêutron, como parte do núcleo do átomo, ao lado do próton, tinha sido descoberto antes por Ernest Rutherford.

O casal Joliot-Curie deixou legado não só na ciência, mas também na participação política, com sua militância antifascista. Irene chegou a ser presa por ter ajudado, com arrecadação de fundos, republicanos espanhóis fugidos da ditadura de Franco. Quando se deu a ocupação nazista da França ela empacotou e escondeu suas pesquisas recentes, para que os alemães não usassem aqueles conhecimentos na guerra. Só em 1949 é que ela revelou o conteúdo daqueles estudos. Morreu em 1956, de leucemia.

Em 1938, na mesma década em que o casal Joliot-Curie recebeu o Nobel, outra dupla, Otto Hahn e Fritz Strassmann, descobriu em Berlim a possibilidade da fissão do átomo. Como já se sabia que é possível acrescentar nêutrons ao núcleo do átomo, formando novos isótopos, o que eles mostraram é que se pode partir o núcleo, gerando-se energia nuclear, ou energia atômica. Exilados na Suécia, Lise Meitner e seu sobrinho Otto Frisch fizeram demonstrações práticas de fissão nuclear, observando irradiação de urânio com nêutrons. Otto Hahn, no entanto, recebeu sozinho o Nobel de Química, em 1944, pela descoberta da fissão nuclear, já que em seus textos não havia menção ao papel de Lise Meitner, que transformou a energia nuclear em possibilidade prática, e não apenas teórica. Desde jovem ela abraçou a religião luterana, mas, mesmo assim, foi expelida da Alemanha nazista, por ser de família judaica. Morreu aos 89 anos, em 1968, em Cambridge, Inglaterra. Ao contrário de outros pioneiros, ela não desenvolveu câncer, porque, ciente dos riscos do ofício, trabalhava sob muita precaução, insistindo, por exemplo, com os colegas de laboratório, que lavassem as mãos várias vezes ao dia, nunca deixando resíduos no corpo.

Foi com base nos experimentos de Lise Meitner, explicados em Nova Iorque numa conferência feita por Niels Bohr, em 1939, que Enrico Fermi montou o primeiro reator nuclear, em Chicago, em 1942, após desenvolver o método de bombardeamento do núcleo do urânio com água pesada, o que levou à criação da bomba atômica. Também o uso de isótopos radiativos na medicina deve muito a ele. Fermi havia trocado a Itália pelos Estados Unidos logo após receber o Prêmio Nobel de Física, em 1938, já que era casado com uma judia e Mussolini tinha iniciado ali também a política de perseguição aos judeus, em acordo com Hitler. Um dos prêmios que Lise Meitner ganhou em vida foi justamente o Prêmio Enrico Fermi.

A radioatividade, como se sabe, tem sido usada nos hospitais para curar muitos males. É remédio e o remédio funciona na dependência da dosagem. Aumenta-se a dose e tem-se um veneno, na grande maioria dos casos.

A bomba atômica, cujo princípio está baseado na reação em cadeia do resultado do bombardeio do núcleo de elemento radioativo, já mostrou sua capacidade de destruição.

Einstein escreveu ("Como Vejo o Mundo"):

"Não creio que a civilização desaparecerá numa conflagração atômica. Talvez pereçam duas terças partes da humanidade, mas muitos homens capaz4es de pensar sobreviverão e farão livros suficientes para começar de novo."

Por via das dúvidas, como o segredo da bomba atômica estava com os Estados Unidos, que o compartilhavam com a Grã-Bretanha, Einstein propunha que convidassem os russos para formar, junto aos outros países, um governo mundial. O texto foi escrito em 1945 e em outubro daquele ano criou-se oficialmente a União das Nações Unidas (ONU), com sede em Nova Iorque. Não é o governo mundial ainda, porque não tem uma Constituição, nem elege um chefe de Estado. Compõe-se de uma Assembleia de representantes, um secretário-geral e um Conselho de Segurança, formado por cinco representantes fixos, que são Estados

Unidos, Inglaterra, França, Rússia e China, acompanhados por mais dez países que ocupam as cadeiras em rodízio e são escolhidos entre todas as nações associadas, que são atualmente 193. Sob a governança da secretaria geral existem diversos órgãos, com o papel que em governos nacionais é exercido pelos ministérios, como a Unesco (ciência e educação), a OIT (trabalho), a OMC (comércio) e assim por diante. Possui também tribunais internacionais.

A paz mundial será assegurada quando o governo mundial for formado, conforme a proposta e o desejo de Einstein, desde que observados certos requisitos. Como a estrutura já existe, configurada na ONU, só é necessário que se dê posse a um chefe de Estado, de mandato curto, preferencialmente anual, com função honorária, como é a chefe de Estado inglesa em relação à Grã-Bretanha. Não deve haver uma Constituição mundial, porque ela seguramente entra em choque com leis magnas nacionais. O secretário-geral passa a trabalhar então como premier mundial. Como uma das primeiras providências, deve-se criar a moeda internacional, do Banco Mundial, sempre virtual, sem forma impressa. Entretanto, haverá desastre inexorável se, primeiro, permitir-se mandato longevo a esse chefe de Estado e, segundo, se sua residência oficial e efetiva durante o mandato for instalada em capital que não tenha status histórico de capital nacional e influência mundial. Nova Iorque, embora sirva para abrigar o premier, não serve para abrigar o chefe de Estado, pois não tem histórico secular de capital nacional, como ocorre com Paris, Londres, Roma, Tóquio ou Washington. A primeira experiência de residência presidencial mundial precisa ser feita com Paris (do contrário, ela diluirá seu status de sede nacional no ano 2130, absorvida como capital regional pela União Europeia, o que representará uma grande perda). Se no curso de uns oito anos algo prejudicial abater-se sobre a economia mundial por força desse arranjo, instala-se então o presidente em Washington, perto do presidente dos Estados Unidos.

Deve-se levar em conta que a tirania é o modelo político do tempo dos governantes longevos, intrinsecamente bélicos, antes de qualquer coisa, e isso é algo contrário à vida republicana cidadã. E o outro ponto é verificar as desgraças econômicas que as nações sofreram ao longo da história sempre que instalaram sua chefia máxima em capital sem status histórico secular. Egito com Áton, Império Romano com Ravena, França com Versalhes e Alemanha com Weimar são apenas alguns exemplos. Muitos países resistiram à implantação de capitais novas, até o amadurecimento, mas a um custo que só o desconhecimento completo do problema justificava pagar.

Sabendo-se de antemão da possibilidade do dano, convém evitar experiências temerárias com a sociedade. Em muitas situações o peso que se tem de suportar ultrapassa o tempo em que o erro se fez presente, como se observa no fenômeno da *histerese*. Por este fato da Física, mesmo após cessar a causa de determinada ocorrência, ela pode continuar por algum período, como quando se desliga a eletricidade que alimentava um eletroímã e a imantação permanece por uns minutos. Uma economia que experimenta grave inflação, pode, mesmo com a eliminação da causa básica, continuar com a prática inflacionária, algo a que se deu o nome de inflação inercial. E para retomar o ritmo e a cultura anteriores a uma tal patologia social, não só os indivíduos, mas a sociedade toda precisa ser dotada de *resiliência*, que é a capacidade que têm certos metais, como o aço, de votar ao aspecto original depois de submetido a uma deformação. As pessoas e as sociedades, porém, não são naturalmente resilientes. Nos seres humanos isso depende de educação, tanto científica quanto financeira, moral, religiosa, corporal e artística.

Relatividade. O primeiro artigo sobre Relatividade surgiu como um capítulo do livro "Ciência e Método", de Jules-Henri Poincaré, de 1897, ano seguinte à descoberta da Radioatividade, por Becquerel. O artigo tinha por título "A Relatividade do Espaço", e tratava da possibilidade de sincronização de relógios.

Formado na Escola Politécnica de Paris, Poincaré era graduado em Matemática e Engenharia de Minas. Orientado por Charles Hermite, defendeu tese de doutorado em Matemática no ano de 1879, apresentando um novo método de resolução de equações diferenciais. Quando morreu em 1912, o mundo acadêmico se deu conta de que ele foi o último pesquisador na história a dominar todas as áreas da Matemática, dado o grande número de tópicos e o enorme volume de conhecimentos que esta ciência tinha acumulado já no início do século XX.

A concepção da Teoria da Relatividade não caiu do céu nas mãos de Poincaré, mas surgiu de uma atividade prática em que ele esteve envolvido. Em 1893 ele tornou-se membro da Agência de Longitudes (*Bureau des Longitudes*), órgão encarregado de normalizar os sistemas de medição de tempo para uso em navegação marítima, em geodésia e em astronomia. Em 1897 defendeu a adoção de um sistema decimal para medição de horas, em lugar do velho sistema sexagesimal, de origem assíria, que divide a hora em 60 minutos e o minuto em 60 segundos. A proposta não foi aceita, mas os estudos que ele realizou para fundamentá-la sugeriram-lhe a criação da nova teoria. Relógios em repouso em vários lugares da Terra marcavam horas a diferentes velocidades, relativamente ao espaço absoluto. Eles teriam de ser sincronizados, e para isso Poincaré desenvolveu equações que deveriam resolver o problema. Partiu do conceito de tempo local, de Woldemar Voigt, julgando que fosse de Lorentz, e usando equações de Lorentz concluiu que a simultaneidade nos relógios poderia ser estabelecida por convenção. Ao discutir o postulado da velocidade da luz, formulou o *Princípio da Relatividade*: não há experimento, mecânico ou eletromagnético, que permita fazer a distinção entre estado de movimento uniforme e estado de repouso.

O desenvolvimento matemático dessas ideias Poincaré o fez no artigo "A Teoria de Lorentz e o conceito de reação" (*La théorie de Lorentz et le principe de réaction*), de 1900. Mostrou que de acordo com a teoria de Maxwell-Lorentz, o fluxo de radiação numa dada direção tem densidade equivalente ao valor de e/c^2, sendo **e** a densidade energética e **c** a velocidade da luz. A essa "densidade de fluxo" é que Einstein interpretou como a massa **m**, equivalente a E/c^2, na fórmula da Teoria da Relatividade, que iguala a energia **E** ao produto $m*c^2$, que se tornou a equação mais comentada do mundo.

Em 1905 Einstein publicou uma série de artigos, sobre assuntos variados da Física, e um deles, o de maior repercussão, veio a ser o de nome "Teoria da Relatividade Especial". A Relatividade Especial, desenvolvida por Einstein nesse texto, é também chamada de Relatividade Restrita, pois é aplicada apenas ao caso em que a curvatura do espaço-tempo devida à gravidade tem valor desprezível. Mais à frente, no ano de 1915, Einstein publicou o artigo "Teoria da Relatividade Geral", desta vez como uma teoria do campo gravitacional.

De acordo com a Teoria da Relatividade Especial, a velocidade da luz no vácuo é igual em qualquer sistema de referência inercial e nela é reafirmado o princípio da inércia de Galileu, incluído nas Leis da Dinâmica de Newton. As equações usadas no artigo trouxeram interpretações que destoavam do senso comum, como a dilatação do tempo, a velocidade limite e a equivalência entre massa e energia. Quanto a esta última, Poincaré explicou que no trabalho de Einstein trata-se de uma conveniência matemática. De fato, o dimensionamento dos dois membros da equação leva ao mesmo resultado, o que significa que são coisas matematicamente iguais, embora de natureza distinta.

Os dois postulados básicos da Relatividade Especial afirmam que (a) não há sistema referencial privilegiado, pois as leis físicas são as mesmas para qualquer sistema referencial, e (b) a velocidade da luz no vácuo é uma constante universal, que independe do movimento da fonte de luz. A velocidade da luz é a velocidade máxima no universo, não podendo ser superada pela velocidade de nenhuma outra partícula. Uma das consequências da teoria é que o intervalo de tempo entre dois eventos, assim como a distância entre eles, é relativa ao observador.

As conclusões de Einstein sobre a velocidade da luz eliminaram de uma vez por todas a possibilidade de existência do éter, a substância universal invisível sobre a qual navegavam os astros, segundo uma crença antiga. Em 1887 os pesquisadores Albert Abraham Michelson e Edward Morley criaram nos Estados Unidos um dispositivo que visava provar a inexistência do éter, no que ficou conhecido como o "experimento de Michelson-Morley". O aparelho foi chamado de interferômetro e consistia numa peça dotada de um espelho semiprateado, um semi-espelho, que dividiria a luz monocromática em dois ângulos distintos. O objetivo era fazer com que o reflexo, partindo em direções distintas, ao voltar chegariam em tempos diferentes, se tivessem de atravessar o éter. Os dois fachos de luz, porém, voltaram no mesmo instante. Poincaré continuou acreditando no éter, mas Einstein deu crédito ao experimento de Michelson-Morley, e desenvolveu a Teoria da Relatividade Especial sobre a suposição de que o éter não existe. Michelson recebeu o Prêmio Nobel de Física de 1907.

Quanto à Relatividade Geral, ela é levada em conta apenas nas situações em que se tem de considerar a curvatura do espaço-tempo por efeito da força da gravidade. Tal fato, a curvatura do espaço-tempo, foi comprovado experimentalmente em 1919 pelo físico inglês Arthur Stanley Eddington, através de fotografias de um eclipse do Sol que ele obteve em São Tomé e Príncipe, na África. Eddington também demonstrou que o transporte de energia no interior das estrelas ocorre por radiação e convecção.

A Teoria da Relatividade é hoje aplicada em atividades diversas, como o uso dos eletroímãs, o GPS, o tubo de raios catódicos dos televisores antigos e a explicação de porque o mercúrio metálico é líquido.

Levando em conta os resultados da Relatividade Geral, centenas de aparelhos são enviados ao espaço com o objetivo de ajudar a decifrar o cosmos, como é o caso da Sonda Cassini, da Sonda Huygens e do Telescópio Hubble, entre outros. Muitos fatos previstos por Einstein têm sido comprovados nas observações feitas por estes dispositivos. Um deles, de enorme importância para a cosmologia, é a que dá conta de que o universo está em constante expansão. Einstein ao concluir isto, através de equações, relutou em aceitar, pois acreditava que o universo tinha um tamanho fixado. Atualmente, dados do Telescópio Hubble confirmam que o universo se expande.

Quântica. Após os vários avanços nos anos finais do século XIX, com as descobertas dos raios-X através de descarga de elétrons, da composição do núcleo do átomo com seus prótons e nêutrons, da formulação inicial da Teoria da Relatividade, da radioatividade, da criação artificial de isótopos, da fissão nuclear e das técnicas de exploração da energia nuclear em usinas elétricas, em motores de propulsão, em radioterapia e em armamentos, surgiu em 1900 uma formulação que mais de um século depois soa como coisa recente e, para muitos, ainda misteriosa, mantendo-se sua característica de obra revolucionária: a Mecânica Quântica.

A palavra "quântica" vem do substantivo "quantum", do latim, que significa "porção", "quantidade", "quanto de".

O marco inicial da Mecânica Quântica deu-se em 1900, quando o físico e matemático alemão Max Karl Ernest Ludwig Planck descobriu a constante usada para calcular a energia gerada por um fóton, que é a unidade em que se divide a luz. Planck percebeu que a energia luminosa é proporcional à frequência de radiação, representada pela letra grega ν (ni), o que o levou a deduzir que a energia E é dada pelo produto $h*\nu$, sendo **h** o valor que ficou conhecido depois como *constante de Planck*, que tem valor de $6,626*10^{-34}$ J*s.

Em 1901 ele formulou o que hoje se conhece como *Lei de Planck*, para explicar a *radiância*, espectro de radiação do *corpo negro*. Este é um objeto hipoteticamente projetado em 1862 por Gustav Kirchhoff, ex-professor de Planck na Universidade Friedich-Wilhelms, de Berlim, onde Planck continuou seus estudos universitários iniciados na Universidade de Munique. Um corpo negro absorve qualquer radiação eletromagnética que receba e não pode ser atravessado pela luz, nem pode refleti-la. Mas à diferença do que hoje se conhece como "matéria escura", o corpo negro emite radiação, e esta é que foi objeto da pesquisa de Planck.

As medições no espectro do corpo negro mostraram que para um dado comprimento de onda obtinha-se uma intensidade máxima, enquanto que para comprimentos de onda acima ou abaixo daquele valor a intensidade apenas diminuía. Este não era o comportamento esperado da onda eletromagnética, de acordo com a Mecânica Clássica. A única saída de Planck foi postular que a emissão de energia fazia-se por "pacotes", por partículas discretas, não por fluxo contínuo.

Stephen Hawking about the end of the world

Essas e outras contribuições à ciência renderam a Planck o Prêmio Nobel de Física de 1918. Esse trabalho, porém, era apenas o início dos estudos, com formulações e descobertas, desta vasta área de conhecimento que é a Teoria Quântica.

Ao contrário do que o senso comum imagina, os avanços na pesquisa científica, não obstante acumulem número imenso de conhecimentos novos a cada dia, têm como resultado a simplificação do entendimento, não a complicação. Mecânica Quântica, por exemplo, teve o papel de revelar aos estudiosos que o funcionamento da energia é muito mais simples do que se pensava antes.

O adjetivo "quântica" no nome deste campo de estudo foi adotado porque a grande descoberta na área é que a energia não trafega de forma contínua, mas em quantidades discretas, que são os "quanta". Embora o conjunto sempre aparente continuidade, cada *quantum* de energia é uma unidade isolada, e a descoberta deste fato abriu uma ampla fronteira para entendimentos e usos das questões energéticas.

Quando Albert Einstein estudava o *efeito fotoelétrico*, no início do século XX, incluindo os resultados em seus famosos artigos do chamado "annus mirabilis" de 1905, convenceu-se de que os fótons, os elementos da radiação eletromagnética, em geral a luz, que causavam o efeito eram emitidos como partículas (para comparação, o "annus mirabilis" de Isaac Newton foi 1666). O efeito fotoelétrico, cuja decifração garantiu o Prêmio Nobel de Física a Einstein, em 1921, foi descoberto por Heinrich Hertz, no fim do século XIX. Em meados desse mesmo século, James Clarck Maxwell havia descoberto que a onda de luz é eletromagnética. Quando fazemos incidir luz, ou outro tipo de onda eletromagnética, numa superfície metálica, átomos dessa superfície perdem elétrons, de modo que a superfície recebe energia da onda, através dos fótons.

Desde que Christiaan Huygens, matemático holandês do século XVII, seguidor e continuador do trabalho de Descartes e Galileu, escreveu que a luz se propaga na forma de onda, os cientistas vinham defendendo esse ponto de vista. Isaac Newton descobriu décadas depois que a luz se transmite por partículas. A polêmica partícula-onda instalou-se entre os pesquisadores e, apesar de todo o peso de Newton, a balança vinha pesando para o lado dos defensores da propagação por ondas. Tanto que Hertz entendeu que a onda em si é quem energizava a superfície. Einstein descobriu em seguida que eram elementos contidos na onda, os fótons, que produziam o fenômeno, não a onda como um todo. Enfim, Einstein conseguiu comprovar na prática a ideia de Newton, da propagação por partículas, e ao mesmo tempo estabeleceu a conciliação entre os polemistas, pois reconheceu que a luz transmite-se por ondas, i. e., luz é partícula e é onda. Os dois times estavam certos.

Depois de graduar-se em Física no Instituto Federal de Tecnologia de Zurique, Einstein visitou diversas faculdades procurando vaga para lecionar, sem encontrar. Depois de dois anos nessa busca, um amigo ofereceu-lhe uma vaga no escritório de patentes, na própria Suíça. Seu trabalho era analisar a validade das patentes requeridas. Convivendo ali com o estado da arte da aplicação das ideias científicas recentes pela mão dos inventores suíços, Einstein adquiriu um senso prático do uso da ciência que os acadêmicos de seu tempo não possuíam. Foi assim que, enxergando um fóton como um *quantum* na explicação do efeito fotoelétrico, ele despertou em Planck a percepção de que teria nele um grande colaborador e um continuador de suas pesquisas.

Obtendo o doutorado na Universidade de Zurique em 1905, no ano seguinte passou a lecionar na Universidade de Berna. Após passar por vários centros de pesquisa e ensino, em 1914 cedeu à insistência de Plank e foi trabalhar na Alemanha, seu país natal, como diretor do Instituto de Física Kaiser Guilherme, atuando ali até a ascensão do nazismo, em 1932.

Em 1913, Niels Bohr, físico dinamarquês, aplicou a Teoria Quântica para resolver um problema que vinha intrigando os pesquisadores há décadas. Pelo modelo atômico de Rutherford, os elétrons, que giram em torno do núcleo, tenderiam a perder energia e momento, reduzindo o raio de sua órbita e caindo finalmente no núcleo, misturando-se a prótons e nêutrons. Isso, entretanto, não ocorria, e ninguém sabia o motivo.

Pelo modelo proposto por Bohr, os elétrons ocupam órbitas estáveis e discretas em torno do núcleo, sem dissipar energia, pois a cada órbita corresponde um elétron com sua carga quantificada. Um elétron, para orbitar, precisa ser dotado de uma quantidade discreta mínima de energia, abaixo da qual ele cairia. O elétron, porém, pode mudar de órbita. Se ele desce de uma órbita dada para outra mais interna, ele emite um fóton. Ele pode também receber um fóton e pular para órbita mais externa, ou superior, se a energia desse fóton foi igual à diferença de energia entre as duas órbitas em questão.

Aprofundando o modelo de Bohr, Werner Heisenberg, Max Born e Ernest Pascual Jordan, trio de físicos alemães, desenvolveram um sistema de representação numérica matricial para explicar a energia, a posição e o momento do elétron nas órbitas.

De 1924 a 1927 Heisenberg foi assistente de Bohr na Universidade de Copenhague, como bolsista da Fundação Rockfeller. Em seguida voltou à

Stephen Hawking about the end of the world

Alemanha, onde ocupou vários cargos universitários, incluindo o de diretor do Instituto de Física Kaiser Guilherme, que hoje se chama Instituto de Física Max Planck. Heisenberg morreu em Munique, em 1976. Não se apurou, até os dias de hoje, se esse trabalho de Heisenberg na Alemanha atravessando todo o período do nazismo visava a uma colaboração com o regime, ou, ao contrário, uma posição de resistência.

Em 1932 coube a ele o Prêmio Nobel de Física, o que pode ter-lhe dado uma aura de intocável frente aos agentes do governo ditatorial.

Em 1915 o físico francês Augustin-Jean Fresnel descobriu que a onda eletromagnética, incluindo certamente a onda de luz, propaga-se em planos distintos. A onda de luz apresenta uma componente elétrica e, em movimento concomitante, uma componente magnética, a 90° da primeira. Pode-se fazer a luz atravessar certas substâncias que a levem a propagar-se num plano único, tendo-se aí o fenômeno da polarização da luz. E para que não se pense que apenas plebeus contribuem para o desenvolvimento da ciência, a Mecânica Quântica conta com o trabalho do sétimo duque de Broglie, príncipe Louis-Victor Pierre Raymond de Broglie, que migrou da área de História para a Física e, no ano de 1924, em sua tese de doutorado, retomando as ideias de Planck e Einstein, mostrou que o próprio elétron tem comportamento ondulatório. Foi ele quem finalmente eliminou as dúvidas ainda existentes sobre a dualidade onda-partícula. A pesquisa de Louis de Broglie possibilitou a construção dos microscópios eletrônicos. De Broglie tornou-se professor do Instituto Henri Poincaré, da Universidade de Paris, em 1928, lecionando aí até 1962, e foi laureado com o Prêmio Nobel de Física em 1929.

Em 1927 Heisenberg desenvolveu um dos pontos mais famosos e controversos da Teoria Quântica, o *Princípio da Incerteza*, segundo o qual é impossível medir de modo preciso o momento linear (velocidade) e a posição de um elétron. Nesse campo, o instrumento de trabalho teria de ser, portanto, a probabilidade. Einstein não endossou o achado, e declarou que "Deus não joga dados com o mundo".

É determinado ou indeterminado esse conjunto de fatos observáveis? Para ilustrar o caso, o físico austríaco Erwin Schroedinger desenhou em 1935 uma situação que passou a ser chamada de "paradoxo de Schroedinger", ou "gato de Schroedinger". Numa caixa opaca instala-se uma garrafa com gás venenoso e também um dispositivo contendo uma partícula radioativa com probabilidade de 50% de desintegrar-se em dado tempo. Se a partícula se desintegra, o gás venenoso é liberado. Põe-se um gato dentro e lacra-se a caixa. Passado aquele tempo esperado, o observador, que está fora da caixa, não sabe se a partícula se desintegrou ou não, portanto, não sabe se o gato está vivo ou não. Sem permissão para abrir a caixa e conferir, o resultado do experimento é que o gato está vivo e está morto, ao mesmo tempo. Obviamente, se o observador pudesse abrir a caixa, saberia se o gato morreu ou não.

Desse gato hipotético, e das tentativas de interpretação para o evento, é que surgiram praticamente todos os mistérios e ilusionismos associados à Mecânica Quântica, sem que tivesse sido esta a intenção de Schroedinger. São várias as leituras possíveis, mas três delas sobressaem-se. A primeira é a "interpretação de Copenhague". Segundo ela, o ato de abrir a caixa modifica o estado do sistema. E o que observamos agora é um gato que morreu ou que continua vivo. Há, portanto, um *colapso da função de onda*, irreversível, que torna a medida prejudicada. Outra visão importante é do físico Hugh Everett, que em 1957 lançou nos Estados Unidos a "interpretação dos muitos mundos", que se tornou mais conhecida como o caso das "realidades paralelas". Essa interpretação postula uma ramificação da função de onda, para a qual há dois mundos distintos, um em que o gato está vivo, outro em que o gato está morto.

Finalmente, o terceiro veio desse manancial de ideias é a "interpretação do colapso objetivo", segundo a qual a superposição de estados destrói-se no momento em que a caixa é aberta. Com tal destruição, não há mundos paralelos. E também por essa destruição, a interpretação de Copenhague é apenas uma hipótese construída para o caso específico.

A Mecânica Quântica, que trata do comportamento das partículas do átomo, trouxe para a mesa do laboratório, pelas mãos de Planck e Einstein, a informação valiosa de que a energia se transfere em minúsculas porções discretas, os "quanta", e isso permitiu o avanço da tecnologia em aplicações diversas. Com a Física Quântica foi possível criar o transístor, que substituiu a velha válvula e permitiu a miniaturização de inúmeros aparelhos. Com ela foi possível desenvolver-se a internet e o GPS, que, como vimos, também utiliza a Teoria da Relatividade. Também a Medicina, que se vale da radioatividade, ganhou novas possibilidades com o uso da Mecânica Quântica.

Também a Economia passou por uma renovação de grande monta a partir do livro "Teoria Geral do Emprego, do Juro e da Moeda", de John Maynard Keynes, publicado em fevereiro de 1936. Um dos principais fundamentos dessa obra, que veio substituir a velha Economia Política pela Macroeconomia, é a ideia de incerteza, inspirada no Princípio da Incerteza de Heisenberg. Pelo entendimento adotado por Keynes, pesquisador da Universidade de Cambridge, Inglaterra, não faz muito sentido apostar em políticas econômicas de longo prazo. Keynes e seus colaboradores procuraram apontar caminho para reduzir a incerteza em curto e médio prazos, demonstrando, por exemplo, que no mercado deixado à própria sorte ("laissez-faire") o equilíbrio ocorre apenas em ocasiões especiais, o que exige dos governos formulação de políticas contracíclicas para garantir o pleno emprego. Após a morte de Keynes, em 1946, ativistas políticos pouco afeitos a mudanças passaram a tratar a ideia de "políticas contracíclicas" como proposta de "intervenção" no mercado, desestimulando dessa forma a adesão dos governos aos resultados implícitos à obra daquele economista inglês.

Branas. Nos tempos de Poincaré, Planck e Einstein, os matemáticos já utilizavam nos espaços vetoriais elementos de inúmeras dimensões, mas no mundo físico o que se conseguiu foi passar das três dimensões euclidianas, que são largura, comprimento e altura, para quatro dimensões, acrescentando-se a variável tempo. Mais recentemente, na tentativa de explicar certos fenômenos da teoria das cordas, desenvolveu-se a Teoria M (com **M** de membrana), segundo a qual, ainda que nossos sentidos só deem conta de quatro dimensões, com que nos acostumamos ao longo do século XX, existem de fato 11 dimensões físicas, em envoltórias chamadas branas, ou p-branas, as quais contêm formas mais particulares, chamadas d-branas.

Matéria e energia são transmissíveis apenas no espaço das quatro primeiras dimensões, p+1 dimensões, com p=3, sendo **p** o número de membranas. A gravidade, diferentemente, pode transitar pelas 11 dimensões.

Duas opções para o formato das branas estão em disputa: elas são planas, paralelas entre si, ou têm forma de paraboloides hiperbólicas, i. e., têm forma de sela. Valendo o primeiro caso, a gravidade distribui-se entre duas membranas, de modo constante. Se elas têm forma de sela, haverá áreas de maior concentração da força da gravidade, que se reduz à medida que se vai aproximando das franjas do objeto.

Até 1995 considerava-se na teoria das supercordas que uma corda é um objeto unidimensional, como uma linha que vibra. A partir de então as cordas foram incluídas em objetos mais amplos, que são as membranas, de duas dimensões. Para objetos de dimensões maiores postulou-se a existência das p-branas. Uma corda então define-se como um objeto de 1-branas, enquanto um ponto material é um objeto de 0-branas. Obviamente, um objeto no espaço tridimensional é do tipo 3-branas.

O universo em que atuamos, de quatro dimensões, que são as três coordenadas espaciais acrescidas da coordenada tempo, forma uma brana, que está mergulhada num espaço mais amplo chamado corpulência ("bulk"), por onde a gravidade circula. Essas dimensões que transcendem as quatro palpáveis estão contidas num objeto classificado como espaço de Calabi-Yau. Considera-se que outras branas podem interagir com nosso espaço quadridimensional, do contrário nem haveria motivo para alguém postular p-branas com **p** maior que 3. Ao contrário das outras forças que agem apenas em nossa brana quadridimensional, a gravidade se espalha pelas outras branas, e tal fato deve explicar o motivo de ela ser uma força fraca.

A cosmologia baseada na Teoria M divide-se em duas correntes. Uma junta à teoria o modelo inflacionário (universo em rápida expansão), enquanto a outra trabalha sem levar em conta aquele modelo expansionista.

Em 1999 Lisa Randall e Raman Sundrum propuseram para a cosmologia de branas o que ficou conhecido como Modelo de Randall-Sundrum, ou Modelo RS. Para esta dupla de cientistas, o universo, para além de nosso espaço-tempo mais uma dimensão, deve ser concebido a partir de uma geometria recurvada, ou deformada. Vivemos, na realidade, dentro de um universo de cinco dimensões, mas as partículas fundamentais estão confinadas nas três primeiras, que formam uma 3-brana. Esta é a que eles chamam brana de TeV (Tera elétron-volt), ou "brana fraca". A outra brana, em nosso espaço de cinco dimensões, é a brana de Plank, ou "brana da gravidade", em que a força da gravidade é muito intensa. O laboratório europeu LHC (*Large Hadron Collider*) tem tratado de estimar as medidas de cordas em uma e outra brana, estudando o que ocorre com o gráviton, a partícula hipotética que transmite a interação gravitacional.

Para a corrente da cosmologia inflacionária (o Modelo Randall-Sundrum serve às duas correntes), o universo, ou o multiverso, funciona como um oceano de tamanho infinito no qual as flutuações quânticas levam as branas a formar borbulhas, como em água fervente. De tempos em tempos surgem então momentos de Big-Bang, que derrubam as borbulhas e fazem surgir outras. Não houve, portanto, um único Big-Bang inicial.

Para a corrente contrária, que descarta a cosmologia inflacionária, tudo se dá através de choques de branas, as quais já existiam antes do Big-Bang, e essas branas transmitem ao universo formado após o choque características que já estavam no anterior.

Quanto às d-branas, essa letra **d** no nome é uma homenagem ao matemático Johannes Dirichlet prestada pelo físico Joseph Polchinski, co-descobridor desse tipo de brana em 1989. Uma d-brana é uma p-brana que satisfaz as condições de contorno de Dirichlet, relativa a comportamento de líquidos na dinâmica dos fluidos. Polchinski, que morreu em 2018, foi um dos principais teóricos da teoria das supercordas.

Obviamente, não cabe ao professor de Física do ensino médio tentar ensinar Teoria M a seus alunos, pois a Matemática do ensino básico circunscreve-se ao espaço tridimensional quando se trata de calcular volumes de sólidos, mas restringe-se ao plano, i. e., às duas primeiras dimensões, quanto ao tratamento algébrico. Assim, o assunto branas não tem como ser algo popular. Isto não significa que um jovem de 16 anos não possa estudar álgebra de espaços de quatro ou mais dimensões, mas há muito o que aprender antes de atingir essa etapa, que ocorrerá no curso superior.

De qualquer modo, para aqueles que imaginam que a ciência dura parou na Mecânica Quântica, do início do século XX, as supercordas e as branas estão aí tirando noites de sono de grandes estudiosos.

Cap. 9 – Superpopulação malthusiana

Desemprego. Se um país derrotasse outro na guerra e perguntasse em seguida à população vencida se prefeririria viver no desemprego ou morrer, é quase certo que ela optaria por viver no desemprego. Se as alternativas fossem viver na escravidão ou viver no desemprego, aem nenhuma renda, é quase certo que ela preferiria a escravidão. Nesse velho sistema, que não se deve confundir com o modelo ainda existente de trabalho servil, o trabalhador é propriedade legítima de algum senhor. Quando uma sociedade abolia o trabalho escravo, a perspectiva era trocar esse sistema de produção pelo do trabalho assalariado. Há, certamente, uma parcela desses agentes econômicos que se entrega ao empreendedorismo, por não conseguir ou não aceitar ser empregada de outrem. Mas não existe empreendedorismo nenhum se não há pessoas empregadas, formando um mercado comprador.

Como é sabido, um sistema intermediário entre a trabalho escravo e o trabalho assalariado foi o regime de vassalagem, mas isso não foi regra mundial e, além disso, fez parte de um período específico e encerrado da história.

Os parágrafos acima buscam argumentar que só a morte precoce - ou talvez algum tipo de vida servil ou escrava sob constantes sevícias sexuais – pode ser pior que o regime de desemprego geral. Na escravidão o trabalhador apanha e não exerce nenhuma cidadania, mas tem garantidas a comida e a vestimenta. No sistema de trabalho assalariado, o indivíduo, quando empregado ou aposentado, é cidadão: come, compra suas roupas, paga sua moradia, estuda, vota, cuida dos filhos, financia o próprio lazer, viaja, descansa. Nesse mesmo sistema, estando desempregado, sem ser rentista ou empresário, ele é um fiapo de cidadão, pois vota, mas não consegue cuidar dos filhos, nem pagar viagens, nem descansar, nem morar bem, nem comprar roupas, e quando come é através de doação, seja por parte da paróquia, do serviço público ou de amigos. A saída para alguns é a prática de crimes, no que arriscam a vida e a liberdade.

Malthus. Está subjacente à obra de Keynes, que desenha o modelo inicial do sistema de pleno emprego na economia de mercado, a incompatibilidade do equilíbrio de mercado com o crescimento descontrolado da população mundial. Sem adequado controle de natalidade não há sustentabilidade para a humanidade subsistir. O primeiro professor de Economia em toda a história, Thomas Robert Malthus, o grande inspirador do trabalho intelectual de Keynes, foi o primeiro a escrever um livro cuja preocupação central era o problema da possibilidade da superpopulação. Trata-se do volume "Ensaio sobre a População" ("An Essay on the Principle of Population"), de 1798, obra mal compreendida não apenas na época do lançamento, mas ainda no início do século XXI.

Antes de Malthus houve importantes demógrafos, sendo o primeiro deles o comerciante inglês do século XVII John Graunt, que ficou conhecido por seu trabalho estatístico ao desenvolver sua Tabela de Mortalidade, ou *Life Table*, que tabulava a probabilidade de morte para cada faixa etária. Também descobriu, por estatística, que, para cada 1.000 meninas, nasciam 1.068 meninos. É considerado o fundador da Epidemiologia. Outro grande epidemiologista, citado por Malthus e, como este, também do século XVIII, embora mais velho, foi o médico alemão Johann Peter Sussmilch, que apresentou estatísticas de nascimentos de crianças relativamente aos sexos, confirmando os números de Graunt, e aprofundou outros estudos sobre mortalidade.

A abordagem de Malthus, diferentemente daquela dos epidemiologistas, voltou-se para a questão do sustento das famílias, representado na alimentação. Tanto ele sabia que causaria controvérsias que a primeira edição do livro ele publicou anonimamente.

Reverendo anglicano, ele diz no início da obra que apoiou com entusiasmo a primeira versão da "Lei dos Pobres", de William Pitt, o Moço, prevendo ajuda do governo em dinheiro às famílias sem renda financeira, pois ele viu aquilo como um meio de aliviar o trabalho das paróquias, que até então eram o grande centro de caridade da sociedade inglesa. Quando o governo decidiu aprovar uma nova versão do projeto, ampliando o auxílio, então, com base nas observações sobre os efeitos da lei original, ele decidiu escrever o livro.

Sua conclusão era que o benefício financeiro aos pobres sem exigência de contrapartida vinha gerando uma disfunção que no longo prazo causaria uma tragédia socioeconômica: grandes contingentes de súditos ingleses sendo sustentados sem produzir, e ao mesmo tempo sendo financiados para aumentar o número de filhos, levariam a um colapso na convivência entre oferta e demanda.

A solução que ele apresentava, e que foi usada por Keynes, que abraçou a ideia, foi: todo indivíduo em idade de trabalhar, e com saúde para tal, deve ser contemplado com uma ocupação, um emprego, que lhe garanta uma renda. Aos inválidos, que não têm como realizar trabalho produtivo, a estes o governo deve prover manutenção, mas em abrigos públicos, onde recebam os itens necessários ao sustento, sem incluir dinheiro.

Vários capítulos do livro trazem no início um bordão que Malthus criou para marcar posição, como uma fórmula que poderia representar o cerne de suas ideias: "A população cresce em progressão geométrica enquanto o alimento cresce em progressão aritmética". Trata-se apenas de uma frase de efeito, sem valor matemático, pois o autor não apresentou o passo da progressão aritmética nem a razão da progressão geométrica, e muito provavelmente ele sabia dessa falha. O problema é que, sendo a proposição muito imprecisa, ela não serve para resumir o tema que ele procurou abordar. Ela apenas dá uma vaga ideia do problema. No entanto, de um livro de 19 capítulos densos, a frase é a única que os alunos do ensino médio aprendem em seus cursos, no mundo inteiro, apresentada pelo professor de Geografia. E o que ocorreu na prática é que o avanço da tecnologia aplicada à produção de alimentos tem ajudado os sistemas econômicos a atender a demanda por alimentos, nos séculos XIX, XX e XXI, em melhores condições que nos tempos anteriores à Revolução Industrial, levando os jovens a concluir, por indução mecânica, que a curva exponencial da produção de seres humanos não ultrapassará a curva retilínea da produção de alimentos nem no presente século nem nos seguintes a este. Ora, muito ao contrário da indução matemática, a indução mecânica ("se aconteceu anteontem, ontem e hoje, então acontecerá amanhã") é uma armadilha, um falso método de dedução. Para efeito de recordação, a demonstração por indução matemática, um produto do gênio de Giuseppe Peano, depende da progressão dos números naturais, nunca da passagem do tempo.

Antítese. Até que essa concepção quanto à importância do emprego, em lugar do benefício sem contrapartida, fosse acolhida por Keynes, mais de 13 décadas depois, Malthus obteve como resposta a suas ideias quase sempre críticas negativas. Alguns brandiam argumentos *ad hominem*, outros pinçavam frases fora do contexto tentando mostrar que a motivação de Malthus era puramente moral, outros lançavam ataques duros às ideias sem se dar ao trabalho de ler o livro.

São duas correntes de pensamento que sempre se chocaram na história. Para a primeira, há um ideal que deveríamos alcançar, seguindo Parmênides e Platão, mesmo que não possamos saber de antemão qual será o aspecto dele. A máquina do universo, com suas leis interpretadas matematicamente, representa um sinal de que esse ideal existe. A outra corrente, seguindo Epicuro e Aristóteles, crê firmemente que os acontecimentos na sociedade humana estão submetidos ao puro acaso. As necessidades materiais são o motor da história e nenhuma decisão importante ocorre por injunção da transcendência, e dizer que "Paris vale uma missa" é mero jogo de retórica. Formar os pobres sustentando suas necessidades sem exigir contrapartida não provoca nenhum viés em sua forma de enxergar o mundo., porque o que importa é usufruir o momento presente da melhor forma possível, uma vez que amanhã quando o sol nascer só o acaso dirá onde estaremos e o que estaremos fazendo. Só temos de evitar o tipo de prazer que sabemos que nos causará dor. Tal é a crença dessa segunda corrente.

Esse ideal que a primeira corrente postula pode ser uma grande ilusão, e não temos de nos guiar por algo que não sabemos o que é ou se de fato existe, escreve o seguidor da segunda corrente. Em resposta, o adepto da primeira corrente convida seu opositor a pensar na Aposta de Pascal.

Não temos porque exigir que todo cidadão saiba pilotar avião ou fazer cirurgia de hérnia. Assim, a fundamentação por seguir a primeira ou a segunda corrente cabe a uma proporção muito pequena de indivíduos, que são os criadores de símbolos, uma quantidade mais reduzida de gente que a dos formadores de opinião, que não precisam elaborar ideias, mas apenas propagá-las. Aqueles, ao optar pela posição parmênides-platônica (ideal) ou pela posição epicuro-aristotélica (acaso), precisam construir sua argumentação. Do contrário, eles perfilam-se entre os simples seguidores crédulos, que são a quase totalidade dos seres humanos (esta condição não é um defeito, mas um bálsamo para a sociedade, pois o contrário levaria a um conflito constante nas camadas populares por pura defesa de ideias).

Para a corrente epicuro-aristotélica, o belo é aquilo que a pessoa prefere usufruir no momento, já que o acaso, peremptório, pode mudar tudo nas horas seguintes, incluindo as percepções individuais. A outra corrente, a parmênides-platônica, entende que há algo mais perene, pois existe um bem como marco teleológico, um ponto alto de um caminho que, conhecido ou não, as pessoas buscam trilhar. Daí o belo identifica-se com o bem. A dúvida que se instala automaticamente é: por que existe então "la beauté du diable", a beleza do diabo, que encanta a tantas pessoas? A explicação veio da outra corrente, dos escritos de Aristóteles: as aparências enganam. Nossos sentidos nem sempre permitem que a verdade se revele a nós. Não estamos livres de sermos enganados se ainda não fomos educados para enfrentar o desafio, como está bem ilustrado na história de Pinóquio, de Carlo Collodi. E, por mais que nos preparemos, nunca estaremos totalmente isentos de cometer erros de avaliação. O que sabemos é que quem não tem preparo nenhum está na mão dos espertalhões. Não se deve buscar indícios de que uma das duas alas seja a boa e a outra a má, pois ambas trazem suas contribuições positivas ao progresso da sociedade.

Vimos aí que a própria noção de "bem" depende da crença na existência do ideal. Se não há um ideal de justiça e verdade, então uma doutrina completamente errada, danosa para nossos descendentes, pode ser instalada no mundo amparada na propaganda do belo e do bem que ela emana. Mas se há, incorporando a perspectiva do bem, um ideal que as pessoas, de antemão, julgam meritório, o quadro pictórico que estiver associado a ele aparecerá como belo, mesmo que um ou outro preconceito tenda a impor a percepção contrária. A opção pela existência do ideal não conflita com o livre-arbítrio, a exemplo do que já foi dito sobre a premonição, pois ninguém pode ter certeza de como ele é, e se surgir uma pessoa dizendo que tem essa certeza, sem respaldo nas pesquisas científicas mais abalizadas e escrutinadas por regras de refutabilidade, ela tem de ser vista como lunática, propensa a impor algum regime tirânico se adquirir poder político. O cânone da pesquisa científica, aliás, sustenta-se na noção de que não se pode alcançar a certeza absoluta.

A linha que combate o legado de Malthus é, obviamente, a segunda. E se Malthus, por algum truque da roda do tempo, encontrasse a figura de Epicuro no século XXI para debater seus respectivos pontos de vista? Que diria Epicuro se Malthus argumentasse que uma população de oito bilhões de pessoas, tendendo a aumentar em breve para 10, 15, 21 bilhões, enfrentará, a depender de sua atitude, um período de dor como nunca imaginado antes, que levará a decisões terríveis sobre a perspectiva de continuidade da existência da espécie humana na Terra? Certamente ele, sem abrir mão de sua adesão ao materialismo, repensaria esse cálculo de dor e prazer.

Não se deduza daí que um lado é totalmente errado e outro lado é totalmente certo. Os dois modos de abordagem trazem contribuições importantes. Se alguém contrata dois peritos para investigar um crime, aquele que parte de impressões subjetivas (ideológicas) tem muito menos chance de resolver o caso que o outro que trabalha sobre materialidades. Longe da esfera do idealismo, no mundo do estômago a pista mais auspiciosa é a do que atendeu o apelo da recomendação "Siga o dinheiro", em que pese o risco de se fazer confusão entre o materialismo acadêmico e o materialismo vulgar.

Desde que Charles Darwin, inspirado pela leitura do livro de Malthus ao passar pelas páginas em que o autor trata da árdua luta pela subsistência, transferiu a visão da situação humana para as espécies selvagens, formulando o conceito de seleção natural e dando forma acadêmica robusta à Teoria da Evolução, a humanidade vem, agora com conhecimento de causa, desenvolvendo mecanismos para dominar e combater os ditames das intempéries e armadilhas que a natureza nos apresenta com crueza inocente. Bertrand Russell escreveu que isto se faz com o uso do controle da natalidade e da educação. Certamente são os dois instrumentos mais poderosos contra a brutalidade da seleção natural, mas existem muitos outros recursos que não podemos dispensar. O pleno emprego proposto por seu amigo Keynes, o fim dos armamentos nucleares proposto pelo próprio Russell em parceria com Einstein (1955), o governo mundial que Einstein propôs, a penicilina de Fleming, a vacina Sabin em meio a todas as outras vacinas e, mais atualizadamente, a comunicação eletrônica horizontal e universalizada, que a humanidade ainda não aprendeu a usar com cautela, mas que se constitui certamente num valioso aparelho de proteção mútua, tudo isso, além de várias ferramentas históricas anteriores a Darwin, é avanço no distanciamento da situação de presa da seleção natural.

Todo economista minimamente bem instruído conhece a divisão entre investidor conservador e investidor arrojado, o que implica conhecer também a distinção entre o cidadão perdulário, que gasta tudo que recebe com rapidez que só ele entende, e o cidadão prudente, que vai gastando o necessário e guardando parcela da renda para necessidades futuras. Este que guarda para o futuro é premiado com remuneração no mercado, se souber investir. O outro usufrui de imediato tudo a que tem direito, dentro da recomendação do "carpe diem", de Horácio.

Também a humanidade, como um ser consciente, precisa decidir-se entre os dois comportamentos, perdulário ou cauteloso. Quanto menos cautelosa for a humanidade, mais rapidamente ela contribuirá para incinerar os meios de vida no planeta. E, seguramente, quanto maior for a população mundial, mais difícil será obter o compromisso de que a humanidade seja cautelosa, pois o aumento em si, irrefreado, do número de seres humanos já representa distanciamento dessa tomada de posição.

Se a humanidade, que hoje é majoritariamente perdulária, por contar apenas com pequena parcela alcançada por educação adequada, aceitar seguir lideranças comprometidas com a sustentabilidade e obedecer a possíveis leis de proteção ao meio ambiente, incluindo normas de regulação da natalidade humana, já que o homem é o agente mais poluidor, se a tendência for esta, temos de continuar temendo, como sempre, o risco de destruição, mas poderemos convencer os jovens de que o mundo deve alimentar esperanças.

Se ocorrer o contrário, se o entendimento geral for o de que essa espécie que venceu seus predadores, inferiores e superiores, pode continuar a reproduzir-se exponencial e descontroladamente sem que isso impacte as políticas de sustentabilidade, então não poderemos pedir aos jovens que se preparem para garantir conforto a seus filhos e netos, porque não haverá tal possibilidade.

Zero. Crescimento zero, em termos de população, a situação demográfica mais saudável para o futuro da Terra, significa reprodução de indivíduos dentro do limite da reposição dos espécimes. Num mundo matematicamente ideal, cada vez que um cidadão morre, providencia-se o nascimento de outro.

Na prática, tudo se dá sem nenhum trauma se a taxa de natalidade fixa-se em dois filhos por casal, em média.

Em exercício de imaginação, acompanhemos a história de 20 soldados romanos que navegavam no oceano e descobriram uma ilha paradisíaca, ainda virgem da presença de seres humanos. Eles decidiram povoá-la, fixando residência nela. Para isso, voltaram à Península Itálica e raptaram 20 mulheres sabinas, muito jovens.

Formaram ali uma população de 40 pessoas.

Depois de dez anos, o então presidente, Remo Columbus, soube, pelo Instituto de Estatística, que a população da ilha estava em 80 habitantes. Ele então decidiu que esse número deveria estabilizar-se, e enviou um projeto de lei ao parlamento, aprovado logo em seguida, determinando que cada casal poderia ter dois filhos no máximo, já que essa era a média de filhos naquele momento.

Na prática, os casais quase todos, com raras exceções, tiveram os dois filhos, dentro do limite estabelecido. Mas a população não se manteve em 80 habitantes. Subiu para 90, 100, chegando a 150. Por que não houve a estabilização em 80 pessoas? Descobriu-se com o tempo que a média de vida era 80 anos e a mortalidade infantil era quase nula. Conviviam filhos, pais, avós e bisavós. Quando surgiram os primeiros trinetos, a mortalidade dos idosos sofreu um ligeiro aumento, porque eles já estavam no tempo da partida natural para o além. Só a partir de então é que a política de cada par gerar um máximo de dois filhos levou ao crescimento populacional zero.

Se essa mesma regra de dois filhos como máximo é aplicada numa sociedade antiga, com expectativa de vida alta, contendo pessoas de todas as faixas de idade, o resultado é crescimento zero em poucos anos. Mais à frente, pode-se estabelecer média de dois, em lugar de máximo de dois, significando que se um casal tem apenas um filho, outro pode ter três.

Stephen Hawking about the end of the world

Incerteza. Diferentemente dos que apostam na prevalência absoluta do acaso, os keynesianos tratam a incerteza como um fato, mas não como um buraco negro. As instituições, principalmente as mais consolidadas no tempo e no espaço, são mecanismos de enfrentamento da incerteza. Uma delas é a conta bancária remunerada, com prazo estipulado para retirada. Se o cidadão faz um depósito que garante renda e só pode ser movimentado depois de seis meses, por exemplo, ele está estabelecendo um contrato que o protegerá de incertezas que ocorrerão dentro daquele prazo. Ninguém pode ter ilusão de que conseguirá garantir-se contra as incertezas, que se dividem entre as quantificáveis e as imprevisíveis. Para as quantificáveis temos o uso da probabilidade como uma ferramenta que nos auxilia cotidianamente, mas para o restante temos de fazer figa, se somos ateus ou agnósticos, e orar, se somos religiosos.

Alguns "mecanismos contra a incerteza keynesiana" podem ser adotados por governos e cidadãos. Entre eles podemos identificar os que seguem abaixo.

1) *Contratos*. Keynes reconheceu nos contratos, com prazos e assinaturas, o primeiro mecanismo.

2) *Cultura*. Negocia-se melhor onde há cultura de respeito aos acordos.

3) *Rotina*. Avião de linha regular é mais seguro que o de voo fretado ou esporádico.

4) *Mérito*. Pessoas mais bem avaliadas em bons concursos oferecem menor risco.

5) *Filiação*: É mais confiável alguém ligado a instituição grande e consolidada (partido, religião).

6) *Planejamento*. Viaja-se melhor com quem tem roteiro e planos.

7) *Profilaxia*. Com profilaxia, as epidemias ficam restritas aos casos de absoluta imprevisibilidade.

8) *Informação*. Vale muito o combate à assimetria de informação e à boataria.

9) *Prevenção*. Não se deve negligenciar a prevenção contra acidentes, mesmo havendo seguro.

10) *Política*. Quanto menos a nomeação depender de jogo e capricho, maior a garantia.

E quanto ao mundo, que tipos de prevenção podemos adotar contra as incertezas? Muitos foram discutidos neste livro, nas páginas acima. As medidas ligadas à sustentabilidade são as que mais estão a nosso alcance.

Todo empresário quer ter lucro, o que não é pecado. Mas o empresário predatório precisa ser contido. O empresário esclarecido e os demais cidadãos precisam estar alertas e cerrar fileiras para não garantir lucro ao empresário predatório.

A empresa com responsabilidade social não pode ser mais vista como um luxo. Ela precisa ser a regra. Poluir as águas, os rios e o solo sem procurar remediar os danos não deve mais ser visto como modo lícito de ganhar dinheiro. Negligenciar necessidade de reflorestamento, desprezar o bem-estar dos empregados e desdenhar efeitos de impactos ambientais na vizinhança da fábrica, todo isso se constitui em exemplos de falta de cidadania. Externalidades negativas não são nuvens de essência de rosas que o tempo levanta e dispersa pela atmosfera. Pelo contrário, são rastros de má administração.

Um empresário predatório polui, destrói a natureza sem recompor, investe em medidas para prejudicar os empregados, ignora a situação dos filhos destes, deteriora o mercado em que atua, destrói a concorrência legítima e burla o fisco, mesmo nos casos em que as regras de tributação não são estúpidas. Não se deve esperar que o sistema de educação sozinho dilua e neutralize esse tipo de agente econômico. As leis é que devem inibi-los e tirar-lhes o espaço de atuação, pois o tempo é curto e a natureza, bruta e surda como é, nunca deixará de ser igualmente muito frágil.

Também precisamos criar e fortalecer instituições internacionais que tenham por objetivo, explicito ou não, reduzir a incerteza quanto à continuidade da vida na Terra. Nos dias atuais, a principal dessas entidades é a ONU, mas poderemos ter muitas outras, com atuações distintas. Dentro da própria ONU, além do Painel do Clima, urge criar-se uma rede de agentes ambientais, com atuação legal de fiscalização similar ao trabalho da Ong Greenpeace. A Unicef, por seu lado, não deve continuar a arrecadar fundos avulsos dos cidadãos, como se fosse uma Ong, mas precisa ser sustentada por um sistema de aportes dos governos dos países membros ante o caixa da ONU.

As monarquias absolutistas, as ditaduras e todos os sistemas de repúblicas com presidentes longevos, que são falsas repúblicas, devem ser abolidos da face da Terra, não só por pressão da ONU, mas pelos sistemas internacionais de comércio e todos os esquemas de intercâmbios internacionais.

As usinas nucleares, em todo o mundo, não devem ser apenas fiscalizadas pela Agência Internacional de Energia Atômica, da ONU, mas devem ter a ONU como co-proprietárias, o que pode ser feito através de participações do Banco Mundial.

E para grandes conquistas alcançadas, como garantir que elas não sejam vítimas da incerteza? Nos itens Profilaxia e Prevenção, nossa atitude deve seguir o "paradigma das portas corta-fogo". Os edifícios modernos são equipados em sua arquitetura com espaços vazios entre compartimentos como prevenção contra incêndios. Para ir do aposento A para o aposento B, o cidadão passa por uma porta de aço, que dá acesso a um vão e a outra porta de aço, a qual leva ao segundo aposento. É possível e é necessário instalar "portas corta-fogo" para preservar a democracia, o pleno emprego, a instrução pública e muitos outros avanços sociais. Sem essas portas, tudo fica à mercê de incertezas previsíveis e de furacões.

Quais são as portas corta-fogo para preservar a democracia, por exemplo? A primeira é o fortalecimento da *federação*, porque qualquer ditador gosta de favorecer os "folclores" das regiões, mas não os poderes políticos destas, que se chocam contra ele. A segunda porta é a limitação de *mandatos*, pois um chefe de Estado que na República possa ultrapassar dez anos no poder, dois mandatos quinquenais, já se estrutura de antemão como ditador. A terceira porta é impedir que *militar* de patente inferior alcance a chefia de Estado, pois um cabo, ou mesmo um coronel, que obrigue os generais a lhe baterem continência é um depravado político, um golpista nato, e nesse campo deve-se garantir também que um general na chefia de Estado sempre tenha como sucessor um civil. A quarta porta é a garantia de que o *parlamento* não seja fechado, pois este constitui-se na vigilância privilegiada frente ao governante, de modo que regras parlamentaristas que mandam dissolver a casa legislativa quando não há acordo para manter ou formar governo precisam ser reformuladas, com a instituição do cargo de vice-chefe, nomeando-se sempre um vice para o premier que tome posse no governo, e também com a adoção do prêmio da maioria (o partido que ganha mais cadeiras leva mais da metade de todos os assentos), com critérios claros de desempate quando for o caso. A quinta porta é o veto perpétuo a quem tenha sido condenado por tentativa de *golpe* de Estado ("putsch") ou tenha sido diagnosticado e tratado como esquizofrênico. Obviamente, o número de prevenções não se esgota nestes cinco mecanismos, mas eles são os prioritários. Alguns já estão incorporados nas constituições de muitos países, como o veto a ser estrangeiro, ser analfabeto e ter pouca idade, em geral abaixo de 35 anos, mas que deveria passar a 49, sete setênios. Estas e outras restrições precisam consolidar-se, resguardando-se o princípio da não-discriminação por etnia, compleição física, gênero, religião e província.

Assim como a democracia, toda instituição de grande valor para a saúde da vida social deve estar protegida por eficientes "portas corta-fogo".

Desafios. Muitas melhorias para a vida humana, algumas já pré-concebidas e esperando viabilidade técnica, poderão e deverão surgir se vencermos a grande batalha da preservação da vida. Entre elas podem ser lembradas as que seguem abaixo.

1 - *Pluvial*. Decifração e controle do ciclo das chuvas, com a criação da Engenharia Pluvial, para acabar com a seca e com os desertos.

2 - *Sustentabilidade*. Substituição total de combustíveis fósseis por energia solar e energia renovável.

3 - *Emprego*. Advento do pleno emprego no mundo inteiro.

4 - *Sanitários*. Sanitário de micro-ondas incineradora (fim da água preta no esgoto).

5 - *Proteínas*. Produção em escala de leite e carne artificiais, via células-tronco, evitando emissão de gás metano de bois no pasto.

6 - *Prevenção*. Previsão de vulcões e terremotos.

7 - *Teletransporte*. Invenção do sistema de teletransporte de mercadorias.

8 - *Restauração*. Recomposição dos órgãos do corpo humano através de células-tronco adultas.

9 - *Dentição*. Método de restauração natural de dentes e cabelos.

10 - *Reanimação*. Domínio da reversão da morte cerebral. Mais à frente, reconstituição de corpo e vida do animal a partir do esqueleto, via DNA, com cuidado para não se criar "Jurassic Park".

Conclusão. Se é difícil saber o que é o bem, ou o ideal, alguns entre aqueles vários itens que as pessoas mais conscientes buscam alcançar não deixam dúvidas de que se localizam do lado da verdade e da justiça e, portanto, do bem. São exemplos: a Paz entre as nações, a paternidade responsável, a universalização da Educação básica, o Cuidado para com as crianças, a remuneração a todo cidadão através de Emprego ou empreendedorismo, a valorização da Vida via rejeição às formas de morte programada, a Estabilidade monetária do país, o Crédito financeiro, a proteção às Florestas e aos rios, a Lei correta e humanizada, as medidas contra os preconceitos, a proibição de fabrico e porte das armas de cano curto (que os covardes escondem no casaco), a ausência de governos tirânicos.

Em muitas situações julgamos que o que fazemos é certo, que estamos fazendo algum bem à humanidade, e descobrimos, de uma hora para outra, que estávamos redondamente enganados. Este foi o caso da técnica de sangria, já citado, mas há outros inúmeros exemplos. Há também casos de negligências lastimáveis que cometemos por não termos ainda consciência da gravidade do ato. Nesta conta entram os descasos para com o meio ambiente, quando eliminávamos espécies para uso alimentar, quando poluíamos à vontade as águas e o ar, quando construíamos despreocupadamente máquinas e fábricas que contribuíam diariamente para o aumento do aquecimento global, tudo isso por imaginarmos, imprudentemente, que os bens naturais de nosso entorno vinham de fonte elástica e inesgotável.

Atualmente, há evidência de que cometemos erro quando expomos nossas crianças pequenas aos aparelhos de tela eletrônica, e talvez até ao rádio. Alguns psiquiatras recomendam que evitemos deixar crianças menores de três anos na frente da TV, pois isso pode, em grande parte dos casos, exercer interferência negativa no desenvolvimento da linguagem. E há quem já tenha observado que crianças e adolescentes fazendo uso intensivo de celulares inteligentes ou quaisquer computadores podem prejudicar indelevelmente o funcionamento de sua memória natural.

Para testar a suspeita é necessário que se acompanhem grupos de controle, o que não é difícil, pois há comunidades religiosas que não admitem uso de aparelhos de tela eletrônica por parte de crianças e jovens. Pode-se, por exemplo, medir o tempo médio de cada um dos dois grupos, o que usa celular e o que não usa, para a aquisição da linguagem, embora já haja evidências de que a demora é maior no grupo da eletrônica. Mas pode-se também medir a capacidade de memorização natural nos dois grupos, para se verificar se o grupo sem eletrônica mantém-se mais saudável, i. e., com memória mais afiada e de maior poder de retenção no tempo. Se for comprovado o dano, lembrando que Sérgio Porto, escritor humorístico do Rio de Janeiro, chamava a televisão de "máquina de fazer doido", podemos adaptar o apelido para o tablete e o celular inteligente, chamando-os de "máquina de emburrecer criança".

E já que falamos em comunidades religiosas, não podemos deixar de registrar uma mudança muito brusca, para os padrões de comportamento com que a humanidade estava acostumada. Desde meados da década de 1980, com o acesso cada vez maior da população aos meios de comunicação eletrônica, a população vem abandonando a religião. Na Holanda, igrejas protestantes vêm sofrendo severo esvaziamento e têm sido transformadas em bibliotecas, cafeterias e salas de concerto. No Canadá, o mesmo vem acontecendo com igrejas católicas. Nos Estados Unidos, eram 90% de habitantes que se declaravam cristãos antes de existir a internet, restando agora 80%. Os 10% de diferença não trocaram de religião, mas apenas deixaram-na de lado. Este, ao que tudo indica, é um caminho sem volta. As igrejas, católicas ou protestantes, investirão à toa se insistirem no retorno desses antigos fiéis, porque a tendência é "perder" mais. No entanto, os ministros religiosos não devem fazer uma leitura pessimista destes fatos. O que deve ser mantido na sociedade ocidental é o respeito pela cultura cristã. Se os agnósticos abraçarem esta causa, o trabalho das igrejas nos séculos precedentes frutificará. Para os clérigos, o ideal é que as crianças sejam formadas no catecismo ou na escola dominical, recebendo os ensinamentos que são os fundadores de nossa sociedade. Mas se esses valores forem mantidos na cultura e forem transmitidos às novas gerações, mesmo fora das igrejas, não haverá motivo para grandes lamentos. Haverá sim, se passar a haver rejeição arrogante ao legado humanitário que herdamos do cristianismo. A importância do perdão (oferecer a outra face), o cultivo da fraternidade universal (caridade cristã), o reconhecimento do significado positivo do aprendizado de não furtar, não roubar, não matar, não trair e não jurar falso testemunho, se tudo isso for transmitido pelos agnósticos a seus filhos, a cultura cristã estará presente nos próximos tempos. Melhor ainda se a leitura do Novo Testamento passar a ser uma prática disseminada no seio da juventude. Keynes escreveu que o livro de cabeceira do governante deve ser o Novo Testamento. A recomendação, porém, só terá bons efeitos se esse governante não for neófito naqueles conhecimentos.

 Os clérigos católicos angustiam-se por ver que os aprendizados que as crianças recebem no catecismo logo são desprezados e até ridicularizados. Isto, porém, é só uma capa, de um trabalho cujo resultado não se vangloria de seu próprio ganho. O alicerce está fincado. O sacerdote deve ter pena não de seu catecúmeno, mas do jovem que desdenha o aprendizado catequético sem ter passado por ele, porque este pode cair em mãos terrificantes, a depender de sua situação social. Um casal de intelectuais que não leva seu filho pequeno ao catecismo por achar que isso é perda de tempo, uma vez que poucos anos depois este filho estará renegando as lições que recebeu lá, este casal está pondo o filho em risco. O melhor caminho para o menino é frequentar a catequese. Se ele reinterpretar tudo aquilo por conta própria, o que dará a impressão de rebeldia, aí ele estará mostrando o produto positivo do trabalho. Um católico que não duvida dos cânones antigos da Igreja, principalmente da Igreja do século VII, que inspirou o profeta Muhammad, é um mau católico.

 A escola dos próximos tempos terá de ser a mais eficiente possível.

Stephen Hawking about the end of the world

Três séculos atrás ela educava pessoas que viveriam poucos anos. Do século XXI em diante, o preparo que ela dá é para gente que viverá em média 70, 80, 90 ou mesmo mais de 100 anos. Dentro de mais um século, talvez a longevidade alcance algo entre 200 e 300 anos. Se os valores e os tirocínios fornecidos às crianças pela escola deixarem muitas lacunas, o mau serviço repercutirá por dois séculos ou mais. Nesse conjunto estão os aprendizados relacionados à religião. Einstein escreveu que o professor de religião passaria a ter dificuldade de ensinar às crianças que a divindade é um ser antropomórfico, aquele ancião de barba branca, como no politeísmo grego, à medida que essas crianças adquirissem conhecimento científico. De fato, aquele antropomorfismo era a linguagem de 3.000 ou 4.000 anos atrás. No século IV, dos bispos Jerônimo de Estridão e Agostinho de Hipona, valiam as mesmas imagens linguísticas. E valiam até mesmo nos tempos de Joana D'Arc, da Guerra dos Cem Anos. Depois dos laboratórios de Galileu, Newton, Darwin, Pasteur, Marie Curie, Fermi e Hawking, torna-se necessário atualizar a fala e os textos. Ou a totalidade do que se diz sobre religião, transcendência e Ser Supremo só continuará a fazer sentido diante de plateias completamente alheias ao conselho de Descartes, de que devemos duvidar de tudo.

Vivendo muito mais que antes, cada cidadão do terceiro milênio deverá receber sólida educação na infância. E terá consciência de que ocupará o lugar de dois ou três de seus antepassados no mundo. Enquanto um período de 120 anos continha a vida de três cidadãos, décadas atrás, em mais algumas décadas será o tempo de vida de uma única pessoa. Se o mundo tiver 12 bilhões de habitantes com tal longevidade, com expectativa de vida de 40 anos a mesma população mundial seria de quatro bilhões.

Com os oito bilhões do ano de 2018, é tempo de se apropriar do entendimento de que a superpopulação da espécie humana é a bomba-relógio mais perigosa para a Terra. Derrotando nossos predadores, e com isso garantindo maior longevidade, passamos a ser a praga mais danosa. Hawking certamente perdeu a fé em nossa capacidade de deixar de ser praga. Mas há meio de reverter tal diagnóstico.

Não precisamos dizimar nossa espécie, como fazem os tripulantes do barco que está afundando, na esperança de salvar alguns entre eles. Temos de alardear a quatro ventos que nosso caminho central é reduzir a natalidade. Os oito milhões que já estamos no mundo merecemos usufruir a vida da melhor forma que conseguirmos. Se simplesmente duplicarmos esse contingente, achando que basta reduzir a emissão de dióxido de carbono, o mundo estará irremediavelmente perdido. Reduzir os poluentes, cultivando a sustentabilidade, é vital, mas isto se não insistirmos na ilusão de que a praga veio para se reproduzir irracionalmente e esperar pelo pior.

    Para se planejar o bem-estar da sociedade, já que não será de grande valia estabilizar a população em oito milhões e manter grande parcela no desemprego e na miséria, será necessário estabelecer o regime de pleno emprego keynesiano. E esse plano só é exequível se o crescimento populacional não estourar os orçamentos. Falar em "bônus demográfico", imaginando algum ganho por se ter maioria jovem num país, é coisa de economista com cabeça dos tempos clássicos, não de gente versada em Macroeconomia. Se construímos um dique para represar certo volume de água, um acontecimento que faça surgir o dobro desse volume previsto representará desastre na certa. Assim é o plano de pleno emprego. Assim é qualquer plano de bem-estar para a sociedade.

    Não podemos ver com condescendência o descaso dos governos na aplicação do plano de pleno emprego de Keynes. Em toda a obra dele está explícita a informação de que volume de emprego é responsabilidade da política, da qual o mercado é refém. Se a opção do governo é por deixar correr livremente o curso do alto desemprego, isso é política. O que se sabe é que dentro dos governos, e dos partido, há os que fazem política de omissão e os que fazem política efetiva. Nos anos iniciais do século XXI, o ditame primevo é substituir os empregos fabris e até de colarinho branco por robôs. Essa política provocou a maior onda migratória da história mundial, com milhões de desempregados atravessando o Mar Mediterrâneo no sentido norte ou caminhando em copiosas caravanas de muitos países pobres do Oriente Próximo e imediações, como o Paquistão, em direção à União Europeia, o que assanhou os ingleses do interior a aprovar a proposta do "Brexit", a saída da confederação. Se a política é a do pleno emprego, e não a da contemplação descomprometida, essas populações não trocam seu meio de vida seguro por aventuras mortais, como é a travessia do Maghreb para a Europa em embarcações precárias e superlotadas. Durante milênios a população do norte da África esteve separada da população do sul pelo deserto do Saara, mas no século XXI a facilidade do transporte rompeu essa barreira, fazendo com que toda a África possa chegar ao litoral da Líbia e da Argélia, se quiser, e atravessar o mar.

    As empresas necessariamente pagam impostos, e elas pagam por uma daquelas duas políticas. A mais vantajosa das duas, sem nenhuma dúvida, é a do pleno emprego, que cria mercado, em lugar de destruir, pois não há meio mais rápido e garantido de reduzir e empobrecer o mercado que a política do desemprego.

    A chave para a redução da natalidade, de modo eficiente, sem crueldade, está nos textos de Aristóteles. Escreveu ele que a idade mínima para o casamento, entendendo-se por isso "coabitação", deve ser de 35 anos para o homem e 28 anos para a mulher, cinco setênios e quatro setênios, respectivamente. Não precisamos ser tão duros com nossos jovens. A idade mínima pode ser de 30 anos para o homem e 28 para a mulher.. A diferença de idade não é pelo motivo requerido pelo filósofo estagirita, de que o homem deve ser sete anos mais velho para a mulher não mandar nele, mas porque a mulher tem idade fértil restrita a um período muito menor que o do homem. Como o homem mantém sua fertilidade aos 50, 60 ou mais anos, um segundo matrimônio com mulher jovem deve coibir uma segunda prole, restringindo-se a um filho. Se houver um terceiro, deve-se instituir multa pesada no caso de nova procriação. Com a idade mínima de 30 anos para o homem, haverá filhos anteriores à coabitação, mas eles serão casos residuais, desses criados pelas avós. E a educação deve encarregar-se de prover a paternidade responsável.

As sociedades mais antigas, como Índia e China, precisam instituir com urgência essa restrição aristotélica, ainda mais agora que a China relaxou sua política de filho único. A Índia, como podemos ver pelos números, ultrapassa a China em população antes de 2030. Os países islâmicos serão os mais resistentes à adoção dessas práticas, mas se as outras culturas, como a cristã e a zen-budista, levarem a sério o propósito da restrição de natalidade, os islâmicos também perceberão que contingente crescente para sofrer e para prejudicar a saúde do planeta não é política que se deva defender.

Agora nossa tarefa é investir na sustentabilidade, sabendo que estamos correndo contra o relógio. Por enquanto, não temos conhecimento de danos provocados, por exemplo, pelo uso da energia solar, o que nos aponta um caminho razoavelmente seguro para substituição dos usos de combustíveis fósseis. Pelo menos dez aparelhos quase indispensáveis têm versões funcionando só por energia solar: 1) calculadora, 2) celular, 3) lâmpada, 4) filmadora, 5) ducha, 6) cozinha, 7) laptop, 8) carro, 9) trem, 10) avião.

Trem movido a energia solar na Índia

Energia limpa, despoluição, educação básica eficiente para todos, pleno emprego, reflorestamento, fim das armas atômicas, fim das presidências longevas, abolição das guerras, governos democráticos e controle da natalidade, estes são nossos instrumentos para, de nossa parte, ajudar o planeta a se manter vivo por séculos. E para controlar a natalidade, evitando a desgraça suprema da superpopulação insustentável, a receita é a política de Aristóteles: idade mínima para a coabitação, imposta por todos os governos responsáveis. O poder público não deve jamais entrar na alcova do cidadão para fiscalizar isso, mas deve controlar a norma com regras para os cartórios, a indústria imobiliária, os condomínios, os serviços de eletricidade, as distribuidoras de água, os postos de saúde, e assim por diante. Os filhos das pessoas mais maduras, ao contrário do que Aristóteles imaginava, não são raquíticos. O que eles têm é uma herança de vida mais experiente e mais rica.

@cacildo

www.ingramcontent.com/pod-product-compliance
Lightning Source LLC
Chambersburg PA
CBHW071559220526
45469CB00003B/1061